高等学校应用型特色规划教材

机电一体化系统设计

丁金华　王学俊　魏鸿磊　编　著

清华大学出版社
北　京

内 容 简 介

本书讲解机电一体化系统设计的基本概念、基本原理、方法和应用，为辽宁省精品资源共享课"机电系统设计"的配套教材。全书共分 8 章，前 6 章介绍机电一体化系统设计的基本原理与应用，包括机电一体化系统概论、位置控制的数学方法、机械系统部件的选择与设计、传感检测系统、执行元件和机电参数的相互匹配；后两章为机电一体化系统的典型应用案例，包括自动纠偏及其控制系统、XY 数控工作台，内容涉及系统说明及控制系统软、硬件设计等。

本书可作为高等院校机械、机电、自动化、测控等专业的教材，也可作为相关专业的研究生和工程技术人员的专业参考书。

图书在版编目(CIP)数据

机电一体化系统设计/丁金华，王学俊，魏鸿磊编著. —北京：清华大学出版社，2019（2021.3重印）
(高等学校应用型特色规划教材)
ISBN 978-7-302-51120-5

Ⅰ. ①机… Ⅱ. ①丁… ②王… ③魏… Ⅲ. ①机电一体化—系统设计—高等学校—教材
Ⅳ. ①TH-39

中国版本图书馆 CIP 数据核字(2018)第 201341 号

责任编辑：陈冬梅
装帧设计：王红强
责任校对：吴春华
责任印制：沈　露

出版发行：清华大学出版社
　　　　　网　　　址：http://www.tup.com.cn, http://www.wqbook.com
　　　　　地　　　址：北京清华大学学研大厦 A 座　　　邮　　编：100084
　　　　　社 总 机：010-62770175　　　　　　　　　　邮　　购：010-62786544
　　　　　投稿与读者服务：010-62776969, c-service@tup.tsinghua.edu.cn
　　　　　质量反馈：010-62772015, zhiliang@tup.tsinghua.edu.cn
　　　　　课件下载：http://www.tup.com.cn, 010-62791865

印 装 者：三河市科茂嘉荣印务有限公司
经　　销：全国新华书店
开　　本：185mm×260mm　　　印　张：14.25　　　字　数：343 千字
版　　次：2019 年 1 月第 1 版　　　印　次：2021 年 3 月第 5 次印刷
定　　价：45.00 元

产品编号：076181-01

前　　言

为适应部分高等院校及高职、高专院校向应用技术型人才培养迅速转型的趋势，在此出版本书。机电一体化系统设计是随着生产和技术的发展，在以机械技术、电子技术、计算机技术为主的多门学科相互渗透、互相结合的过程中逐渐形成和发展起来的一门新兴边缘技术。

"机电一体化系统"是一个综合的概念，包含技术和产品两方面的内容。"机电一体化技术"是指包括技术基础、技术原理在内的，使机电一体化产品得以实现、使用和发展的技术。"机电一体化产品"是指采用机电一体化技术在基本产品的基础上创造出来的新一代产品。

在工程技术学科系谱中，机械电子学仍属于机械工程范畴。按照机械电子学的观点，凡是由各种现代高新技术与机械和电子技术相结合而形成的各种技术、产品(或系统)都应属于机电一体化的范畴。机器人、柔性制造系统(FMS)、计算机集成制造系统(CIMS)及自动化生产工程都在机电一体化的范畴之内。

可以说，机电一体化系统或产品已深入社会的各个方面。例如，数控机床、机器人、加工中心、自动生产设备等生产用机电一体化产品和系统；自动仓库、自动空调与制冷系统及设备；自动称量、分选、销售及现金处理系统等储存、销售用机电一体化产品；复印机、打字机、扫描仪等办公自动化设备；CT 机、心电图机、X 光机等医疗设备；自动清扫机器人、取款机、取票排队机等环保及公共服务产品；全自动洗衣机、数字化空调、冰箱等家电产品；航天器、宇宙飞船、探月车等航天科研设备，都是机电一体化产品。在未来的发展中，机电一体化技术是工业机械化发展的必然趋势。

传统的机械设计主要以解决运动学和动力学为主，现代机械系统及装备都是光、机、电、液等高度一体化的复杂技术系统。本书围绕机电一体化系统(产品)的机械系统、传感检测系统、信息处理系统、动力源、执行元件系统五个子系统，讲解各部分之间的相互关系、相互作用，阐明机械系统应具有良好的伺服性能，以满足小型、轻量、高速、低噪声和高可靠性等要求。机电控制系统部分采用常用的上、下位机控制方式，从上位机的人机界面设计到下位机的嵌入式系统编程，以及上、下位机的 MODBUS 通信协议，在"人—机—环境"这个大系统中进行较为详细的说明。传感检测系统部分重点介绍传感器的后续电路及与微处理器的接口电路。执行元件部分着重讲解步进(或伺服)电动机的工作原理，说明驱动器与微处理器之间的接口电路，给出插补运算的软件设计。全书着重强调机电一体化系统的应用技术。

本书分 8 章，前 6 章介绍机电一体化系统基础知识，后两章采用案例形式系统说明两个典型机电一体化产品的功能及应用，包括软、硬件设计。

第 1 章介绍机电一体化系统的基础知识，阐述机电一体化系统的组成及功能，分类及应用，以及机电一体化系统各要素之间的关系，等等。第 2 章介绍机电一体化系统中常用的位置控制的数学方法，重点讲解逐点比较法的直线和圆弧的插补原理。第 3 章介绍机械系统部件的选择与设计，针对机电一体化系统对机械部分的要求和设计原则，阐述机械传动和支撑的设计，重点介绍传动系统中的间隙调整，包括齿轮副传动间隙和滚珠丝杠副间隙调整的方法。第 4 章传感检测系统，介绍机械中常用传感器及其信号预处理电路，检测变换接口电路，工业上常用的 DC 4～20mA 变换电路和隔离的 IO 口输入、输出电路的设计等；对常用电路，如电压跟随器、同相放大器、反相放大器、差动放大电路、仪器仪表放大器、DC 4～20mA 变换电路及恒流恒压电路，从运放的三个基本特点进行了深入浅出的说明，让读者很容易得出输出与输入的关系。第 5 章执行元件，介绍执行元件的分类与特点，重点介绍步进(伺服)电动机及其驱动，步进电动机的运行特性及性能指标、步进电动机的控制电路及驱动控制器。第 6 章介绍机电参数的相互匹配，说明伺服电机与机械负载的惯量匹配、容量匹配和速度匹配方法，重点介绍等效转动惯量的折算方法。

第 7 章，以食品、轻工、印刷、塑料、橡胶和钢铁等行业中机电设备常用的纠偏系统为例，说明典型机电一体化系统的工作原理及应用，给出自动纠偏机械执行机构及自动纠偏控制电路原理，并通过上、下位机控制方式详细说明上、下位机的 MODBUS 通信协议、接口原理和软件设计；上位机采用 MCGS 工业触摸屏，在此详细介绍上位机自动纠偏控制系统的组态软件设计和下位机 STM32 的 Keil C 软件设计，目的在于通过简单的实例，说明典型的机电一体化系统控制系统的实现。第 8 章，XY 数控工作台是数控车床、数控铣床和数控钻床的工作台，是激光加工设备的工作台，是表面贴装设备、刻字机、3D 打印雕刻的基本部件，本章利用案例介绍数控工作台的工作原理，说明其控制方式及实现方法，详细给出直线插补和圆弧插补的 C 语言程序。

本书内容比较多，教师在具体的教学内容安排上，可根据实际情况进行选择或取舍，也可将书中部分内容作为某一课程的教材或作为课程设计的辅助教材。例如，第 4 章传感检测系统可作为机械工程测试相关课程的教材内容；后两章案例部分可作为机电一体化系统设计课程设计的辅助教材。

本书由大连工业大学机械工程与自动化学院的丁金华和王学俊老师共同编写。其中，丁金华完成第 1、4、5、6、7 和 8 章内容的编写工作；王学俊完成第 2、3 章内容的编写工作。全书由丁金华和魏鸿磊统稿，并对习题及习题答案进行了整理与编辑。

因编者能力有限，不妥之处在所难免，希望各位读者提出宝贵意见，以便今后修订时进一步完善。

编　者

目　　录

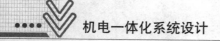

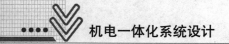

第1章 机电一体化系统概论

学习要点及目标

- 掌握机电一体化系统的基本概念及特点。
- 掌握机电一体化系统的组成及其相互关系。
- 了解机电一体化技术与其他技术的相互关系，了解机电一体化技术的发展。
- 了解工业三大元素，熟悉系统具有的三大目的功能。
- 重点掌握机电一体化系统各要素之间的关系，接口的定义、功能和分类。

1.1 机电一体化系统基础知识

机电一体化技术是在生产、制造机电一体化产品过程中使用的各种现代先进技术，它是一门面向应用的技术，代表了机械产品柔性化和智能化的发展方向。早在 1971 年，日本《机械设计》杂志副刊提出了"机电一体化"(Mechatronics)是由 Mechanics(机械学)与 Electronics (电子学)组合而成。机电一体化系统通常包括机电一体化技术和机电一体化产品两个方面，具有自动化、智能化，功能、性能强大，灵活性好，节能、省材，体积小、重量轻等特点。

如图 1-1 所示为典型的机电一体化产品，图 1-1(a)为家用全自动洗衣机，图 1-1(b)为工业用数控机床。其他如照相机、全自动的玩具小车、无人驾驶的汽车、工厂加工流水线作业设备、航天器、火星探测器以及机器人等，都属于典型的机电一体化产品。

(a) 全自动洗衣机　　　　　　　　　　(b) 数控机床

图 1-1　典型的机电一体化产品

机电一体化系统随着生产和科学技术的发展不断被赋予新的内容。用日本"机械振兴协会经济研究所"于 1981 年 3 月提出的解释来说明机电一体化系统的概念："机电一体化乃是在机械的主功能、动力功能、信息功能和控制功能上引进微电子技术，并将机械装置与电子装置用相关软件有机结合而构成的系统的总称。"

1.2 机电一体化系统的组成及功能

机电一体化系统(产品)主要由以下 5 个子系统组成：机械系统(机构，起支承和连接作用)，传感检测系统(传感器、信号变换电路)，信息处理系统(计算机、可编程逻辑控制器、单片机)，动力系统(动力源)和执行元件系统(如电动机、汽缸、电磁阀)。

以图 1-2 所示的一维数控工作台为例加以说明。一维数控工作台，可用作纠偏系统，如制袋机、皮带输送机的左右纠偏装置等。

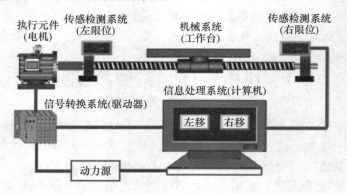

图 1-2 一维数控工作台

一维数控工作台的组成能够体现典型机电一体化系统(产品)的 5 个子系统。

(1) 机械系统：工作台，滚珠丝杠、轴承、导轨、联轴器、步进电动机或伺服电动机等。

(2) 传感检测系统：左右限位光电传感器等。

(3) 信息处理系统：采用计算机、PLC 或单片机为控制单元，也包含驱动器及人机界面。

(4) 动力源：电源、液压源、气源。

(5) 执行元件系统：步进电动机或伺服电动机。

机械系统，即机械本体包括机架、机械连接等在内的系统支持结构，属于基础部分，用以实现产品的构造功能。传感检测系统包括各种传感器及信号检测变换电路，用于对机电产品运行时的内部状态和外部环境进行检测，提供运行控制所需要的信息。信息处理系统采用计算机、PLC 或单片机为控制单元，也包含驱动器及 HMI 人机界面，用以实现对产品运行的控制功能。动力系统包括电源、液压源、气源等。执行元件系统包括各种电机、汽缸、电磁阀等，用以实现能量转换，把输入的能量转换成需要的形式，在控制信息作用下完成要求的动作。

机电一体化系统的 5 个基本组成不是被简单地拼凑在一起，而是在工作中互相补充、互相协调，共同完成所需要的任务。如图 1-3 所示，整个机电一体化系统各部分之间，是通过计算机系统(含计算机、PLC、嵌入式系统等)联系起来的，在机械本体的支持下，由传感器检测产品的运行状态及环境变化，将信息反馈给信息处理装置(计算机)，信息处理系统对各种信息进行处理，并按要求控制动力源驱动执行机构进行工作。一般利用人机交互形式实现人的参与控制。

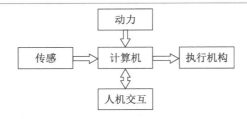

图 1-3　机电一体化系统各部分的相互关系

可以说，计算机技术、电子技术和信息技术为机械增添了"头脑"和"神经"，给机械以"智能"，并提供了新的功能和性能。

1.3　机电一体化技术与其他技术关系

1.3.1　与传统机电技术的区别

传统机电技术的操作控制主要通过具有电磁特性的电器如继电器、接触器等来实现，在设计中不考虑或很少考虑彼此间的内在联系，机械本体和电气驱动界限分明，不涉及软件和计算机控制。

机电一体化技术是以计算机为控制中心，在设计过程中强调机械部件和电气部件间的相互作用和影响，整个装置在计算机控制下具有一定的智能性。

1.3.2　与自动控制技术的区别

自动控制技术的侧重点是讨论控制原理、控制规律、分析方法和自动系统的构造等。

机电一体化技术是将自动控制原理及方法作为重要支撑技术，将自控部件作为重要控制部件，应用自控原理和方法，对机电一体化装置进行系统分析、性能计算和动作实现。

1.3.3　与计算机应用技术的区别

计算机在机电一体化系统中的应用仅仅是计算机应用技术的一部分，它还可以在办公、管理及图像处理等其他很多方面得到广泛应用。

机电一体化技术将计算机作为核心部件应用，目的是提高和改善系统性能。机电一体化技术研究的是机电一体化系统，而不是计算机应用本身。

1.3.4　对应的共性关键技术

1. 精密机械技术

机械技术是机电一体化技术的基础，因为机电一体化产品的主功能和构造功能大都以机械技术为主来实现。在机械传动和控制与电子技术相互结合的过程中，对机械技术提出了更高的要求，如对传动的精密性和精确度的要求与传统机械技术相比有了很大的提高。在机械系统技术中，新材料、新工艺、新原理以及新结构等方面在不断发展和完善，以满足机电一体化产品对缩小体积、减轻重量、提高精度和刚度以及改善工作性能等方面的要求。

2. 检测与传感器技术

在机电一体化产品中，工作过程的各种参数、工作状态以及与工作过程有关的相应信息都要通过传感器进行接收，并通过相应的信号检测装置进行测量，然后送入信息处理装置并反馈给控制装置，以实现产品工作过程的自动控制。机电一体化产品要求传感器能快速、准确地获取信息并且不受外部工作条件和环境的影响，同时检测装置能不失真地对信息信号进行放大、输送及转换。

3. 自动控制技术及信息处理技术

机电一体化产品中的自动控制技术包括高精度定位控制、速度控制、自适应控制、校正、补偿等。由于机电一体化产品中自动控制功能的不断加强，使产品的精度和效率迅速提高。通过自动控制，使机电一体化产品在工作过程中能及时发现故障，并自动实施切换，减少了停机时间，使设备的有效利用率得以提高。由于计算机的广泛应用，自动控制技术越来越多地与计算机控制技术结合在一起，它已成为机电一体化技术中十分重要的关键技术。该技术的难点在于现代控制理论的工程化和实用化，控制过程中边界条件的确定，优化控制模型的建立以及抗干扰等。

机电一体化产品中的信息处理技术是指在机电一体化产品工作过程中，与工作过程各种参数和状态以及自动控制有关的信息的交换、存取、运算、判断和决策分析等。在机电一体化产品中，实现信息处理技术的主要工具是计算机。计算机技术包括硬件和软件技术、网络与通信技术、数据处理技术和数据库技术等。在机电一体化产品中，计算机信息处理装置是产品的核心，它控制和指挥整个机电一体化产品的运行。因此，计算机应用及其信息处理技术是机电一体化技术中最关键的技术，它包括目前被广泛研究并得到实际应用的人工智能技术、专家系统技术以及神经网络技术等。

4. 伺服驱动技术

伺服驱动技术主要是指机电一体化产品中的执行元件和驱动装置设计中的技术问题，它涉及设备执行操作的技术，对所加工产品的质量具有直接的影响。机电一体化产品中的执行元件有电动、气动和液压等类型，其中多采用电动式执行元件，驱动装置主要是各种电动机的驱动电源电路，目前多采用电力电子器件及集成化的功能电路构成。执行元件一方面通过接口电路与计算机相连，接受控制系统的指令；另一方面通过机械接口与机械传动机构和执行机构相连，以实现规定的动作。因此，伺服驱动技术直接影响着机电一体化产品的功能执行和操作，对产品的动态性能、稳定性能、操作精度和控制质量等具有决定性的影响。

5. 系统总体技术

系统总体技术是从整体目标出发，用系统的观点和方法，将机电一体化产品的总体功能分解成若干功能单元，找出能够完成各个功能的可能技术方案，再把功能与技术方案组合成方案组进行分析、评价，综合优选出适宜的功能技术方案。系统总体技术的主要目的是在机电一体化产品各组成部分的技术成熟、组件的性能和可靠性良好的基础上，通过协调各组件的相互关系和所用技术的一致性来保证产品的经济、可靠、高效率和操作方便等。系统总体技术是最能体现机电一体化设计特点的技术，也是保证其产品工作性能和技术指标得以实现的关键技术。

1.4　机电一体化系统的分类及应用

目前，机电一体化系统或产品已深入社会的各个方面。具体地说，包括以下几个方面。

1.4.1　生产用机电一体化产品和系统

生产用机电一体化产品和系统如数控机床、机器人、加工中心、自动生产设备、柔性生产单元(Flexible Manufacturing Cell，FMC)、自动组合生产单元、柔性制造系统(Flexible Manufacturing System，FMS)、无人化工厂、计算机集成制造系统(Computer Integrated Manufacturing System，CIMS)等。如图 1-4 所示为产品生产线上使用的一种码垛机器人，如图 1-5 所示为计算机集成制造系统(CIMS)示意图。

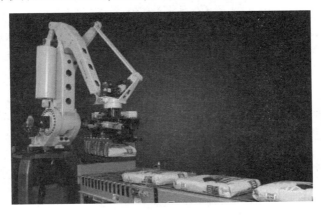

图 1-4　产品生产线上使用的码垛机器人

由图 1-5 可见，CIMS 体系结构是用来描述研究对象整个系统各个部分和各个方面的相互关系和层次结构的。从功能层方面来看，CIMS 大致可以分为 6 层：生产/制造系统、硬事务处理系统、技术设计系统、软事务处理系统、信息服务系统、决策管理系统。

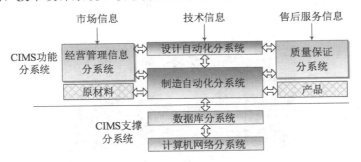

图 1-5　CIMS 示意图

1.4.2 运输、包装及工程用机电一体化产品

食品、医药、饮料、线缆和电子等行业常采用不同规格的纸箱进行产品装箱运输。早期基本采用人工进行纸箱封箱，工人劳动强度大，封箱操作单调，效率低。现在基本可以用自动、半自动的封箱机进行封箱，封箱速度可在 20 箱/min 左右。如图 1-6 所示的纸箱封箱机，可以根据不同纸箱规格自动调节宽度及高度，通过两侧皮带驱动上下封箱。

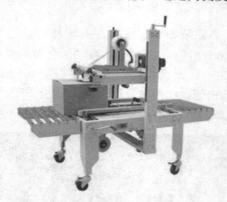

图 1-6　纸箱封箱机

再如，微机控制的汽车、机车等交通运输工具，数控包装机械及系统，数控运输机械及工程机械设备等，都属于运输、包装及工程用机电一体化产品。

1.4.3 储存、销售用机电一体化产品

储存、销售用机电一体化产品也很多，如自动仓库，自动空调与制冷系统及设备，自动称量、分选、销售及现金处理系统。

如图 1-7 所示为智能仓储系统。智能仓储系统是由立体货架、有轨巷道堆垛机、出入库输送系统、信息识别系统、自动控制系统、计算机监控系统、计算机管理系统以及其他辅助设备组成的智能化系统。通过对控制、总线、通信和信息技术的应用，智能仓储系统协调各类设备动作，以实现物品的自动出入库作业。智能仓储系统也是智能制造工业 4.0 快速发展的一个重要组成部分。

图 1-7　智能仓储系统

1.4.4 社会服务及家庭用机电一体化产品

机电一体化技术在社会服务及家用产品中有很多应用，自动化办公设备中的复印机、打字机、扫描仪等，医疗设备中的 CT 机、心电图机、X 光机等，环保及公共服务自动化设备中的自动清扫机、取款机、取票排队机等；文教、体育、娱乐等领域中的机电一体化产品如投影仪、跑步机、游戏机等；家电产品中除了全自动洗衣机、数字化空调、冰箱等，自动扫地机器人、服务型机器人也得到越来越广泛的应用。

图 1-8 为一种带定位导航的扫地机器人系统。扫地机器人(见图 1-8(a))带有轻触传感器，轻轻碰触家具后，能够自动避开并绕行清扫。由于带有导航定位系统(见图 1-8(b))，扫地机器人可以记录清扫路径，因此在导航范围内其清扫轨迹可以覆盖家庭的各个角落。

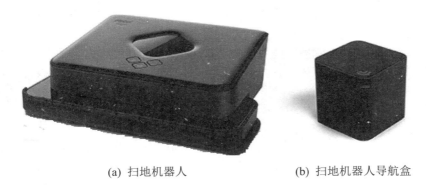

(a) 扫地机器人   (b) 扫地机器人导航盒

图 1-8 一种带定位导航的扫地机器人

1.4.5 科研及民用机电一体化产品

科研工作离不开测试设备、控制设备和信息处理系统，如各种分析仪器、测量与控制设备等，航空航天中的航天器、宇宙飞船、探月车等都是机电一体化产品。民用机电一体化产品包括挖掘机、收割机等。

虽然机电一体化产品深入到生活的各个方面，但机电一体化技术主要应用在数控机床、工业机器人、计算机集成与制造系统以及一些控制系统中。在未来的发展中，机电一体化技术是工业机械化发展的必然趋势。

1.5 机电一体化系统各要素之间的关系

机电一体化系统(或产品)是由若干具有特定功能的机械与微电子要素组成的有机整体，具有满足人们使用要求的功能(目的功能)。根据不同的使用目的，要求系统能对输入的物质、能量和信息进行某种处理，输出所需要的物质、能量和信息。

物质、能量和信息被称为"工业三大要素"。机电一体化系统的功能主要是对工业三大要素进行变换、传递和储存，其功能构成包括主功能、动力功能、检测功能、控制功能和构造功能。

1.5.1　机电一体化系统的功能构成

1. 主功能

(1) 变换(加工、处理)功能。

以物料搬运、加工为主，输入物质(原料、毛坯等)、能量(电能、液能、气能等)和信息(操作及控制指令等)，经过加工处理，主要输出改变了位置和形态的物质的系统(或产品)，被称为"加工机"。例如，各种机床(切削、锻压、铸造、电加工、焊接设备、高频淬火等)、交通运输机械、食品加工机械、起重机械、纺织机械、印刷机械、轻工机械等。

(2) 传递(移动、输送)功能。

以能量转换为主，输入能量(或物质)和信息，输出不同形式能量(或物质)的系统(或产品)，被称为"动力机"。其中输出机械能的为原动机，例如电动机、水轮机、内燃机等。

(3) 储存(保持、积蓄、记录)功能。

以信息处理为主，输入信息和能量，主要输出某种信息(如数据、图像、文字、声音等)的系统(或产品)，被称为"信息机"。例如，各种仪器、仪表、电子计算机、电报传真机以及各种办公机械等。

2. 动力功能

动力功能是为系统提供所需动力、让系统得以运转的功能，其主要参数有输入能量、能源。

3. 检测功能

检测功能的作用是检测系统内部信息和外部信息，其主要参数有精度和速度。

4. 控制功能

控制功能的作用是根据系统内部信息和外部信息对整个系统进行控制，使系统正常运转，以实现"目的功能"，其主要参数有控制输入/输出口个数、手动操作、自动操作。

5. 构造功能

构造功能是将组成系统的各要素组合起来，进行空间匹配，以形成一个统一整体，其主要参数有尺寸、重量、强度。

图 1-9 表明了机电一体化系统对工业三大要素进行变换、传递和储存的功能。表 1-1表明了机电一体化系统要素及功能与人体要素的对应关系。

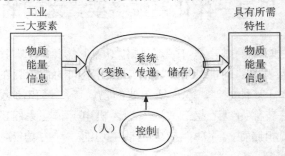

图 1-9　机电一体化系统的功能

表 1-1　机电一体化系统要素及功能与人体要素的对应关系

机电一体化系统要素	功　能	人体要素
控制器(计算机等)	控制(信息存储、处理、传送)	头脑
检测传感器	计测(信息收集与变换)	感官
执行元件	驱动(操作)	肌肉
动力源	提供动力	内脏
机构	构造	骨骼

1.5.2　机电一体化系统中接口的定义

机电一体化系统由许多要素或子系统构成，各要素或子系统之间必须能顺利进行物质、能量和信息的传递与交换。为此，各要素或各子系统相接处必须具备一定的联系条件，这些联系条件被称为"接口"(interface)。如图 1-10 所示为机电一体化系统的内外部接口示意图。

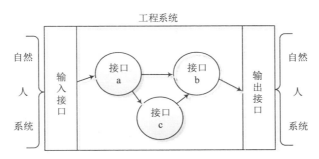

图 1-10　机电一体化系统的内外部接口

根据接口的变换、调整功能，可将接口分成以下 4 种。

(1) 零接口。不进行任何变换和调整、输出即为输入等，仅起连接作用的接口，被称为"零接口"。例如，输送管、接插头、接插座、接线柱、传动轴、导线、电缆等。

(2) 无源接口。只用无源要素进行变换、调整的接口，被称为"无源接口"。例如，齿轮减速器、进给丝杠、变压器、可变电阻器及透镜等。

(3) 有源接口。含有有源要素、主动进行匹配的接口，被称为"有源接口"。例如，电磁离合器、放大器、光电耦合器、D/A 转换器、A/D 转换器及力矩变换器等。

(4) 智能接口。含有微处理器，可进行程序编制或可适应性地改变接口条件的接口，被称为"智能接口"。例如，自动变速装置，通用输入/输出 LSI(8255 等通用 I/O)、GP-IB 总线、STD 总线等。

根据接口的输入、输出功能，也可将接口分为 4 种。

(1) 机械接口：由输入/输出部位的形状、尺寸、精度、配合、规格等进行机械连接的接口，被称为"机械接口"。例如，联轴节、管接头、法兰盘、万能插口、接线柱、插头与插座等。

(2) 物理接口：受通过接口部位的物质、能量与信息的具体形态和物理条件约束的接口，被称为"物理接口"。例如，受电压、频率、电流、电容、传递扭矩的大小及气体成分(压力或流量)约束的接口等。

(3) 信息接口：受规格、标准、法律、语言、符号等逻辑、软件约束的接口，被称为"信息接口"。例如，GB、ISO、ASCII 码、RS232、FORTRAN、C、C++、C#等。

(4) 环境接口：对周围环境条件(温度、湿度、磁场、火、振动、放射能、水、气、灰尘)有保护作用和隔绝作用的接口，被称为"环境接口"。例如，防尘过滤器、防水连接器、防爆开关等。

广义的接口功能有两种，一种是输入、输出，另一种是变换、调整。

从这一观点出发，系统的性能在很大程度上取决于接口的性能，各要素和各子系统之间的接口性能就成为综合系统性能好坏的决定性因素。

如图 1-11(a)所示为构成人体的五大要素，如图 1-11(b)所示为机电一体化产品的五大要素。由此可以看出，机电一体化是由机械本体(相当于人体的骨骼)、控制系统(相当于人体的大脑)、检测装置(相当于人体的感官)、动力装置(相当于人体的肌肉)、执行机构(相当于人体的四肢)几部分构成。

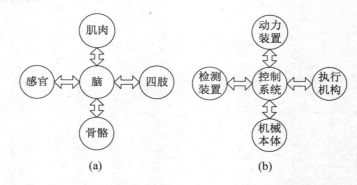

图 1-11　机电一体化产品五大要素与人体五大要素的对应关系

总之，构成机电一体化系统的要素很多，各要素之间并非彼此无关或简单拼凑、叠加在一起，工作中它们各司其职，互相补充、互相协调，共同完成所规定的功能。在结构上，机电一体化系统的各组成要素通过各种接口及相关软件有机地结合在一起，构成一个内部合理匹配、外部效能最佳的完整产品。

1.6　机电一体化的发展

机电一体化的发展大体可以分为三个阶段。

20 世纪 60 年代以前为第一阶段，这一阶段被称为"初级阶段"。在这一时期，人们利用电子技术的初步成果来完善机械产品的性能。例如，美国在 1952 年成功研制出世界上第一台数控机床，并发明了可编程机器人。

20 世纪 70—90 年代为第二阶段，这一阶段为"蓬勃发展阶段"。这一时期，计算机技术、控制技术、通信技术的发展，为机电一体化的发展奠定了技术基础；大规模、超大规模集成电路和微型计算机的迅猛发展，为机电一体化的发展提供了充分的物质基础。机电一体化的发展具体体现在机电一体化技术在汽车工业上的应用，然后在工程机械方面的推广，其主要应用领域是数控机床，提高了数控机床的技术精度和操控性，极大地提高了工作效率。随着微电子技术的研究和发展，机电一体化产品也在不断更新；传感测控技术和信息转换技术的结合运用，在工业机器人的软件设计和编程等关键领域取得了技术上的巨大进步。

20 世纪 90 年代后期，开启了机电一体化技术向智能化方向迈进的新阶段，机电一体化进入深入发展时期。一方面，光学、通信技术等进入了机电一体化，微细加工技术也在机电一体化中崭露头角，出现了光机电一体化和微机电一体化等新分支；另一方面，对机电一体化系统的建模设计、分析和集成方法，机电一体化的学科体系和发展趋势的研究不断深入。通信和计算机网络技术的发展，以及人工智能技术在这一时期取得的巨大进步，促进了分布式系统的形成，使不少机器可以遥控操作、智能化操作。

进入 21 世纪以来，机电一体化技术得到了更大的发展，传感器的性能也进一步得到提高，对传感器信号处理和判断的智能化程度达到了更高的水平，出现了具有更高柔性和自适应性的机电一体化系统。随着科学技术的进步，国内外机电一体化将朝着绿色化、智能化、网络化、微型化、模块化方向发展，各种技术相互融合的趋势也将越来越明显。以机械技术、微电子技术、计算机技术的有机结合为主体的机电一体化技术是机械工业发展的必然趋势，机电一体化技术的发展前景也将越来越广阔。

1.6.1　智能化

智能化是机电一体化与传统机械自动化的主要区别之一，也是 21 世纪机电一体化的发展方向。近几年，处理器速度的提高、微机的高性能化、传感器系统的集成化与智能化为嵌入智能控制算法创造了条件，有力地推动着机电一体化产品向智能化方向发展。智能机电一体化产品可以模拟人类智能，具有某种程度的判断推理、逻辑思维和自主决策能力，从而可以取代制造工程中人的部分脑力劳动。

图 1-12 为快递智能分拣机器人。这种智能分拣机器人的体型很小，动作灵活，主要针对小件包裹。它可以扫码、称重及分拣，运行速度可达到 3m/s，每小时可完成分拣约 20 万件。若采用人工操作，每天只能分拣 5 万件，机器人将分拣效率提高到四倍，准确率达 100%，避免了人工分拣差错率高带来的二次处理成本的浪费，也避免了分拣员操作中出现的抛件现象。

图 1-12　快递智能分拣机器人

机电一体化技术虽然不能达到人脑的智能化程度，但是机电一体化产品微处理器的准确性和高性能还是可以实现的。因此，智能化是机电一体化的发展方向。

1.6.2 系统化

系统化的表现特征之一是系统体系结构进一步采用开放式和模式化的总线结构。系统可以灵活组态，进行任意的剪裁和组合，同时寻求实现多子系统协调控制和综合管理。表现特征之二是通信功能大大加强，除 RS-232 等常用通信方式外，实现远程及多系统通信联网需要的局部网络正逐渐被采用。对机电一体化产品还可根据一些生物体优良的构造研究某种新型机体，使其向着生物系统化方向发展。图 1-13 为餐厅送餐机器人，机器人可以通过色彩感应或者磁条感应进行准确送餐，且具有避障、语音识别功能，可以和客人对话互动。因此，机电一体化产品的系统化将是它发展的必然趋势。

图 1-13 送餐机器人

1.6.3 微型化

微型机电一体化系统高度融合了微机械技术、微电子技术和软件技术，是机电一体化的一个新的发展方向。国外称微电子机械系统的几何尺寸一般不超过 1cm，并正向微米、纳米级方向发展。

由于微机电一体化系统具有体积小、耗能小、运动灵活等特点，可进入一般机械无法进入的空间并易于进行精细操作，故在生物医学、航空航天、信息技术、工农业乃至国防等领域都有广阔的应用前景。图 1-14 为美国哥伦比亚大学科学家研制的纳米蜘蛛机器人，大小仅有 4nm。利用纳米机器人，可以帮助人们进行外科手术、清理动脉血管垃圾等。

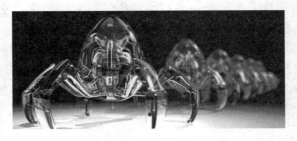

图 1-14 纳米蜘蛛机器人

1.6.4 模块化

模块化也是机电一体化产品的一个发展趋势，是一项重要而艰巨的工程。由于机电一体化产品的种类和生产厂家繁多，研制和开发具有标准机械接口、电气接口、动力接口、信息接口的机电一体化产品单元是一项复杂而重要的事，它需要制定一系列标准，以便各部件、单元进行匹配和接口。机电一体化产品生产企业可利用标准单元迅速开发新产品，同时也可以不断扩大生产规模。

1.6.5 网络化

网络技术的飞速发展对机电一体化有重大影响，使其朝着网络化方向发展。机电一体化产品的种类很多，面向网络的方式各有不同。由于网络的普及，基于网络的各种远程控制和监视技术方兴未艾，而远程控制的终端设备本身就是机电一体化产品。

"基于物联网的机电产品协同设计制造"是近年来提出的一种产品开发、设计、制造模式，在物联网支持的环境中，一个群体协同工作完成一项机电产品的开发。作为以互联网为基础而延伸形成的新一代网络技术，物联网将成为未来实现机电产品智能化、实现产业升级与行业进步的必经之路。

1.6.6 绿色化

工业发达使人们物质丰富、生活舒适的同时也使资源减少，生态环境受到严重污染，于是绿色产品应运而生。绿色化是时代的趋势，其目标是使产品在从设计、制造、包装、运输、使用到报废处理的整个生命周期中，对生态环境无危害或危害极小，资源利用率极高。机电一体化产品的绿色化主要是指使用时不污染生态环境，报废时能回收利用。绿色制造业是现代制造业的可持续发展模式。

综上所述，机电一体化是众多科学技术发展的结晶，是社会生产力发展到一定阶段的必然要求。它促使机械工业发生战略性的变革，使传统的机械设计方法和设计概念发生革命性的变化。大力发展新一代机电一体化产品，不仅是改造传统机械设备的要求，而且是推动机械产品更新换代、开辟新领域以及发展与振兴机械工业的必由之路。

复习思考题

一、简答题

1. 简述机电一体化设备的特点。
2. 简述机电一体化系统的发展方向。
3. 机电一体化的接口有哪些？
4. 机电一体化的相关技术有哪些？
5. 什么是"机电一体化"？
6. 说明"基于物联网的机电产品协同设计制造"的关键技术。
7. 说明快递分拣机器人所包括的功能及实现方法。
8. 说明机电一体化系统的组成。
9. 机电一体化系统通常包括哪两个方面？其特点是什么？
10. 举例说明典型的机电一体化产品有哪些。
11. 说明机电一体化系统的概念。
12. 举例说明社会服务性机电一体化产品。
13. 举例说明储存、销售用机电一体化产品。
14. 举例说明印刷包装机电设备产品。
15. 简要说明机电一体化系统中接口的定义。

16. 简要说明什么是零接口并举例。

17. 举例说明机械接口有哪些。

18. 从人体构成五大要素说明机电一体化系统的五大要素。

19. 机电一体化系统产品的设计类型大致有三种，开发性设计、适应性设计和变异性设计，请回答变异性设计的内容。

20. 一个典型的机电一体化系统应包含哪些基本要素？

二、填空题

1. ( )技术、( )技术和( )技术为机械增添了"头脑"和"神经"，给机械以"智能"，并提供了新的功能和性能。

2. 机电一体化技术是以( )为控制中心，在设计过程中强调( )部件和( )部件间的相互作用和影响，整个装置在计算机控制下具有一定的智能性。

3. 机电一体化产品中的执行元件有( )、( )和( )等类型。

4. 工业三大要素: ( )、( )和( )。

5. 机电一体化系统具有三大目的功能: ( )、( )和( )。

6. 广义的接口功能有两种，一种是( )；另一种是( )。

7. 社会服务性机电一体化产品有( )、( )和( )等。

8. 智能机电一体化产品可以模拟某些( )智能，具有某种程度的( )、( )和( )能力，从而取代制造工程中人的部分脑力劳动。

9. 机电一体化产品系统化的表现特征之一就是系统体系结构进一步采用( )和( )的总线结构。系统可以灵活组态，进行任意的( )和( )，同时寻求实现多子系统协调控制和综合管理。

10. 机电一体化系统是由若干具有特定功能的( )要素组成的有机整体。

11. 机电一体化的发展有一个从自发状况向( )发展的过程。

12. 用来评价机电一体化产品或系统质量的基本指标，是指那些为了满足( )要求而必须具备的输出参数。

13. 机电一体化的研究方法应该从系统的角度出发，采用( )分析方法，充分发挥( )学科技术的优势。

14. 机电一体化系统的设计程序包括( )、( )和( )。

15. ( )设计是现代设计最前沿的一种方法。

16. 在某种意义上讲，机电一体化系统设计归根结底就是( )。

17. 机电一体化系统设计考虑的方法通常有( )、( )和( )。

18. 防尘过滤器、防水连接器和防爆开关为( )接口。

第 2 章 位置控制的数学方法

学习要点及目标

- 掌握插补的基本概念和原理。
- 重点掌握逐点比较法的直线插补和圆弧插补的概念和原理，能够进行插补程序设计。
- 了解轮廓步长法插补方法。

2.1 概 述

传统凸轮、连杆等机构可以实现复杂的运动规律，这些机构的运动规律是不可变化的。

机电一体化系统中经常需要运动规律能够实现变化的装置或设备，典型如数控机床、机器人等。运动规律的变化往往通过旋转运动或直线运动的合成来实现。

每个旋转、直线的运动轴被称为"坐标轴"(维数、自由度)，每个坐标轴的运动控制是由可控执行元件实现的(其位置、速度、方向可控)。运动的合成需要由计算机控制程序、数学算法实现，位置控制精度决定机电一体化系统的性能。

2.2 插 补 运 算

完成位置控制的数学方法——插补运算。

插补(轨迹离散化)是在运动轨迹的起点和终点间再密集确定出一系列中间点，用来合成和协调各坐标轴运动，使目标沿这些中间点移动来逼近设定的轨迹。

位置控制驱动有两大类系统：一类是开环系统，采用步进电动机驱动，没有检测装置和反馈；另一类是闭环(半闭环)系统，采用交流或直流伺服电动机驱动，有检测装置和反馈。

图 2-1 XY 数控工作台

目前针对上述两类系统的插补运算方法很多，本章将以直角坐 XY 数控工作台为例(如图 2-1 所示)，介绍适合步进电动机驱动的逐点比较法插补和适合交直流伺服电动机驱动的轮廓步长法插补。

2.3 逐点比较法的直线和圆弧的插补原理

逐点比较法的直线和圆弧的插补原理适用于开环系统。采用步进电动机驱动，每个时刻只有一个坐标轴运动。运动每走一步就与设定轨迹比较一下，以确定下一步的走向，从而逼近设定的轨迹。

逐点比较法插补原理可分为 4 个节拍。

① 偏差判别→判别运动点是否偏离设定轨迹及偏离程度。

② 驱动→根据①的结果运动点向逼近设定轨迹方向前进一步。

③ 偏差计算→运动到新点计算新的偏差。

④ 终点判别→是否到达轨迹终点，若没有到达终点返回到①节拍，若到终点则停止。

步进电动机驱动实现的轨迹实际是折线，与设定轨迹存在误差，其最大误差为脉冲当量。

2.3.1 逐点比较法插补原理

1. 动点运动方向

如图 2-2 所示，设 (x, y) 为直线 OB 上的点，则直线方程为

$$\frac{y}{x} = \frac{y_e}{x_e} \tag{2-1}$$

式中：x_e，y_e——插补直线的终点坐标。

根据式(2-1)，取函数 F

$$F = x_e y - x y_e \tag{2-2}$$

式(2-2)的值被称为"偏差函数"。

如图 2-2 所示，$M(x_i, y_i)$ 为步进电动机驱动实现运动轨迹上的点，也被称为"动点"。该动点可以在直线上，也可以在直线的上方或者下方，即动点轨迹与直线 OB 的关系有 3 种情形。

(1) 动点在直线的上方：$F = x_e y_i - x_i y_e > 0$，或 $F > 0$。

(2) 动点在直线上：$F = 0$。

(3) 动点在直线的下方：$F < 0$。

因此，根据判别式偏差函数的大小，可决定下一步是 x 轴上的还是 y 轴上的步进电动机工作。

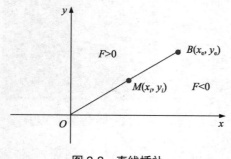

图 2-2　直线插补

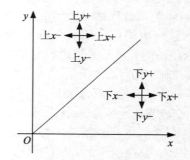

图 2-3　动点的运动方向

如图 2-3 所示，动点的运动方向可规定为：

当 $F \geqslant 0$ 时，表明动点在直线的上方或在直线上，应沿 $+x$ 方向走一步(即 $+x$ 方向走一个脉冲当量)；当 $F < 0$ 时，表明动点在直线的下方，应沿 $+y$ 方向走一步(即沿 $+y$ 方向走一个脉冲当量)。

为什么这么规定？可用图 2-3 所示的动点运动方向加以说明(注：实际计算中所有坐标值(x_e 和 y_e)均取脉冲数)。

如图 2-3 所示，点在直线上方和下方各有 4 个可以运动的方向，显然上 $y+$、上 $x-$、下 $x+$、下 $y-$ 运动偏离设定的轨迹；只有上 $x+$ 和下 $y+$ 使合成运动朝终点目标方向；其他组合会产生振荡或与终点目标方向相反。点在直线上时沿 $+x$ 和 $+y$ 均可。

2. 偏差计算公式

步进电动机每走一步，都要重新计算偏差函数，以便确定下一步动点的运动方向。为了简化计算，可以采用递推公式的方法来计算偏差。

采用递推公式计算偏差，方法如下。

向 $+x$ 方向走一步，则 $x_{i+1} = x_i + 1$

$$
\begin{aligned}
F_{i+1} &= x_e y_i - x_{i+1} y_e = x_e y_i - (x_i + 1) y_e \\
&= x_e y_i - x_i y_e - y_e \\
&= F_i - y_e
\end{aligned}
\tag{2-3}
$$

向 $+y$ 方向走一步，则 $y_{i+1} = y_i + 1$，即

$$
F_{i+1} = F_i + x_e
\tag{2-4}
$$

上述式(2-3)和式(2-4)被称为偏差计算的递推公式，即使用前一次计算的偏差值和终点值，只做一次加(或减)法便可得到新的偏差值，相对采用式(2-2)来计算偏差，少算两次乘法运算，其运算量在早期的控制器上可大大提高运算速度。如果控制器的运算速度很高，则也可用式(2-2)来计算偏差函数。采用式(2-2)进行计算，不存在迭代累积误差。

3. 插补的终点判别

(1) 按插补总步数。

插补运算实现预定轨迹，可用插补总步数作为判别是否到达终点的条件，即

$$
\sum N = |y_e| + |x_e|
\tag{2-5}
$$

式中：N——插补的总步数。

式(2-5)表明 y 方向脉冲数 $+x$ 方向脉冲数为总的插补步数。设插补步数计数变量 $n = N$，每向 x 或 y 方向走一步，n 步数减 1，直到等于总步数 $n = 0$，停止。

(2) 分别判断各坐标轴的运动步数，即用 x_e、y_e 作为判别条件。

4. 逐点比较法直线插补举例

图 2-4 中，对于第一象限直线 OA，终点坐标 $x_e = 3$，$y_e = 2$，插补从直线起点 O 开始，故 $F_0 = 0$；终点判别是判断进给总步数 $\sum N = 3 + 2 = 5$，将其存入终点判别计数器中，每运动一步减 1，若 $\sum = 0$，则停止插补，运动轨迹如图 2-4 所示。

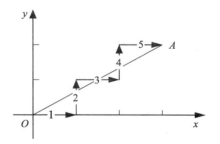

图 2-4　直线插补轨迹

表 2-1 表示该直线逐点比较法直线插补计算的步骤。第一步，偏差为 0，应向 $+x$ 走一步，重新计算偏差小于 0，同时将终点判别变量减 1，进入第二步，由于偏差小于 0，因此应向 $+Y$ 走一步。其余类推。

表 2-1　逐点比较法直线插补计算

步　数	偏差判别	驱动方向	偏差计算 F	终点判别 n
			$F_0 = 0$	$\sum = 5$
1	$F = 0$	$+x$	$F_1 = F_0 - y_e = 0 - 2 = -2$	$\sum = 5 - 1 = 4$
2	$F < 0$	$+y$	$F_2 = F_1 + x_e = -2 + 3 = 1$	$\sum = 4 - 1 = 3$

续表

步　数	偏差判别	驱动方向	偏差计算 F	终点判别 n
3	$F > 0$	$+x$	$F_3 = F_2 - y_e = 1 - 2 = -1$	$\sum = 3 - 1 = 2$
4	$F < 0$	$+y$	$F_4 = F_3 + x_e = -1 + 3 = 2$	$\sum = 2 - 1 = 1$
5	$F > 0$	$+x$	$F_5 = F_4 - y_e = 2 - 2 = 0$	$\sum = 1 - 1 = 0$

5. 直线插补其他象限与第一象限关系

(1) 由图 2-5 可看出，各象限进方向与 x 或 y 轴是对称的。

(2) 只需改变运动方向(改变电机转向)，其计算方法可以不用改变。因此可用式(2-6)、式(2-7)作为 4 个象限通用的递推公式(终点坐标取绝对值)。

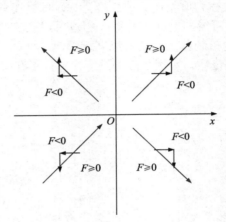

图 2-5　直线插补各象限关系

向 x 终点方向走一步：

$$F_{i+1} = F_i - |y_e| \tag{2-6}$$

向 y 终点方向走一步：

$$F_{i+1} = F_i + |x_e| \tag{2-7}$$

直线插补象限判别发电机转向关系如表 2-2 所示。

表 2-2　直线插补象限判别及电机转向关系

象　限	I	II	III	IV
终点坐标 x_e	>0	<0	<0	>0
终点坐标 y_e	>0	>0	<0	<0
x 向电机	正转	反转	反转	正转
y 向电机	正转	正转	反转	反转

6. 直线插补程序流程

直线插补程序流程框图如图 2-6 所示。

初始化包括：

(1) 根据 x_e 和 y_e 值判断直线所在象限，并确定电机转向。

(2) 确定 $\sum = |x_e| + |y_e|$ 的值。

(3) $F = 0$。

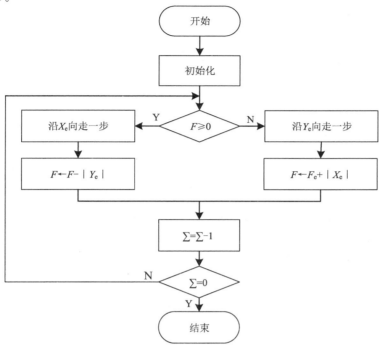

图 2-6　直线插补程序流程框图

2.3.2　圆弧插补原理

如图 2-7 所示为第一象限(逆时针)圆弧插补法。

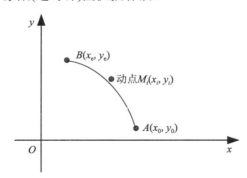

图 2-7　圆弧插补法

设圆弧半径为 R，则圆弧方程为：$x^2 + y^2 = R^2$。

取 $F_i = x^2 + y^2 - R^2$ 作为偏差判别函数，则动点 $M_i(x_i, y_i)$ 有三种情形。

(1) 在圆弧外：$F_i > 0$；

(2) 在圆弧上：$F_i = 0$；

(3) 在圆弧内：$F_i < 0$。

规定在第一象限逆时针(逆圆)插补：当动点在圆弧内时，向 $+y$ 方向走一步；当动点在圆弧外或圆弧上时，向 $-x$ 方向走一步。由于插补向 $-x$ 和向 $+y$ 每次走的步数不一定相同，因此，动点 x 用角标 i 表示，动点 y 用角标 j 表示，即

向 $-x$ 走一步后，动点 x：$x_{i+1} = x_i - 1$，动点 y_j 不变，则

$$
\begin{aligned}
F_{i+1,j} &= x_{i+1}^2 + y_j^2 - R^2 \\
&= (x_i - 1)^2 + y_j^2 - R^2 \\
&= x_i^2 - 2x_i + 1 + y_j^2 - R^2 \\
&= F_{i,j} - 2x_i + 1
\end{aligned}
\tag{2-8}
$$

向 $+y$ 走一步后，动点 x_i 不变，动点 y：$y_{j+1} = y_j + 1$，则

$$
\begin{aligned}
F_{i,j+1} &= x_i^2 + y_{j+1}^2 - R^2 \\
&= x_i^2 + (y_j + 1)^2 - R^2 \\
&= x_i^2 + y_j^2 + 2y_j + 1 - R^2 \\
&= F_{i,j} + 2y_j + 1
\end{aligned}
\tag{2-9}
$$

同理，可推导第一象限的顺时针圆弧递推公式。

向 $+x$ 走一步后：

$$
F_{i+1,j} = F_{i,j} + 2x_i + 1
\tag{2-10}
$$

向 $-y$ 走一步后：

$$
F_{i,j+1} = F_{i,j} - 2y_j + 1
\tag{2-11}
$$

第一象限顺逆圆弧和其他象限圆弧的关系如图 2-8 所示。

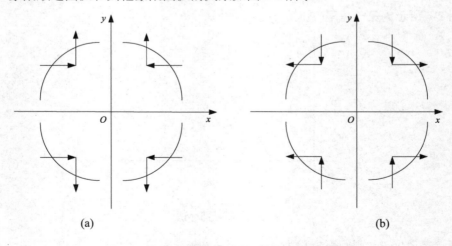

(a)   (b)

图 2-8　第一象限顺逆圆弧和其他象限圆弧关系

如图 2-8(a)所示，第一象限为逆圆插补；第二象限，顺圆；第三象限，逆圆；第四象限，顺圆。如图 2-8(b)所示，第一象限为顺圆插补；第二象限，逆圆；第三象限，顺圆；第四象限，逆圆。

仅以图 2-8(a)第二象限的顺时针圆插补为例，第二象限顺圆与第一象限的逆时针圆弧相对于 y 轴对称，可以用第一象限的逆时针圆弧插补公式，不过要注意轴的驱动方向，以及坐标值应取绝对值。

表 2-3 表明各象限顺圆、逆圆，根据偏差判别，确定插补的走向关系。

表 2-3 圆弧插补象限判别及电机转向关系

圆弧方向	偏差判别	第一象限	第二象限	第三象限	第四象限
顺时针	$F \geqslant 0$	$-y$	$+x$	$+y$	$-x$
	$F < 0$	$+x$	$+y$	$-x$	$-y$
逆时针	$F \geqslant 0$	$-x$	$-y$	$+x$	$+y$
	$F < 0$	$+y$	$-x$	$-y$	$+x$

2.3.3 逐点比较法圆弧插补举例

如图 2-9 所示，对于第一象限圆弧 AB，起点 $A(0,4)$，终点 $B(4,0)$，采用逐点比较法实现圆弧插补，其实现过程可用表 2-4 进行说明。

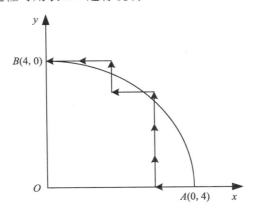

图 2-9 第一象限圆弧逆圆插补轨迹

表 2-4 第一象限圆弧逆圆插补方法

偏差判别	驱　动	偏差计算	坐标计算	终点判断
		$F_0 = 0$	$x_0 = 4$，$y_0 = 0$	$\sum = 4+4 = 8$
$F_{0,0} = 0$	$-x$	$F_{1,0} = F_{0,0} - 2x_0 + 1 = 0 - 2 \times 4 + 1 = -7$	$x_1 = 3$，$y_0 = 0$	$\sum = 8-1 = 7$
$F_{1,0} < 0$	$+y$	$F_{1,1} = F_{1,0} + 2y_1 + 1 = -7 + 2 \times 0 + 1 = -6$	$x_1 = 3$，$y_1 = y_0 + 1 = 1$	$\sum = 7-1 = 6$
$F_{1,1} < 0$	$+y$	$F_{1,2} = F_{1,1} + 2y_1 + 1 = -3$	$x_1 = 3$，$y_2 = 2$	$\sum = 5$
$F_{1,2} < 0$	$+y$	$F_{1,3} = F_{1,2} + 2y_2 + 1 = 2$	$x_1 = 3$，$y_3 = 3$	$\sum = 4$

续表

偏差判别	驱 动	偏差计算	坐标计算	终点判断
$F_{1,3} > 0$	$-x$	$F_{2,3} = F_{1,3} - 2x_1 + 1 = -3$	$x_2 = 2$，$y_3 = 3$	$\sum = 3$
$F_{2,3} < 0$	$+y$	$F_{2,4} = F_{2,3} + 2x_2 + 1 = 4$	$x_2 = 2$，$y_4 = 4$	$\sum = 2$
$F_{2,4} > 0$	$-x$	$F_{3,4} = F_{2,4} - 2x_2 + 1 = 1$	$x_3 = 1$，$y_4 = 4$	$\sum = 1$
$F_{3,4} < 0$	$-x$	$F_{4,4} = F_{3,4} - 2x_3 + 1 = 0$	$x_4 = 0$，$y_4 = 4$	$\sum = 0$

2.3.4 多段组合位置控制说明

对于多段组合，可以先通过移动坐标系方式，然后再用相关的插补方法进行位置控制。

如图 2-10 所示，图中直线 AB、BC，圆弧 CD、DF 为设定轨迹，由 A 点运动到 F 点，经过坐标系移动，可以看出直线 AB 在第三象限，直线 BC 在第一象限，圆弧 CD、DE、EF 分别是第二象限、第一象限、第四象限的顺时针圆弧(圆弧象限需要过象限处理)。

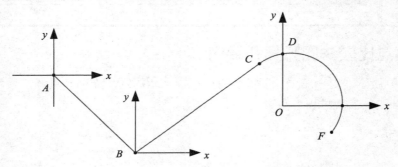

图 2-10 多段组合位置控制曲线

2.4 轮廓步长法插补

以交、直流伺服电动机为驱动的闭环系统中，采用时间分割法(亦称"数据采样法")插补，根据计算机的运算速度确定时间间隔，被称为"插补周期"。在此周期中完成一次插补运算，使各轴在坐标方向上移动一段距离，同时对各坐标运动增量采样，反馈给计算机进行比较，根据目标点移动速度把轮廓分割成插补周期内移动段——轮廓步长。

采用时间分割法，根据进给运动速度 V 和插补周期 ΔT，将轮廓型曲线分割成一段段的轮廓步长 f(一个插补采样周期的轮廓步长)，然后计算出每个插补周期的各个坐标增量。

轮廓步长：
$$f = \frac{V \Delta T}{60 \times 1000} \tag{2-12}$$

式中：f——插补周期内轮廓步长, mm;

V——动点进给运动速度, mm/min;

ΔT——插补周期, ms。

插补周期大于插补运算时间与完成其他实时任务时间之和，现代闭环系统一般为毫秒级，有的已达到零点几毫秒。

由式(2-12)计算出系统的轮廓步长，再把其分解各个坐标轴的分量(增量) Δx 、 Δy ，由伺服系统控制各轴电机在插补周期 ΔT 时间内以各轴分速度移动一个分量长度。

2.4.1　轮廓步长法直线插补

如图 2-11 所示， α 为直线与 x 轴的夹角。由此可以计算出 x 轴和 y 轴的增量 Δx 、 Δy 。

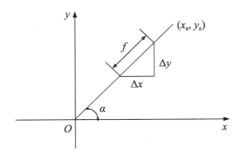

图 2-11　x、y 轴增量与轮廓步长关系

由于 $\tan\alpha = \dfrac{y_e}{x_e}$ ， $\cos\alpha = \dfrac{1}{\sqrt{1+\tan^2\alpha}}$ ，所以可得

$$\Delta x = f\cos\alpha \tag{2-13}$$

$$\Delta y = \frac{y_e}{x_e}\Delta x \tag{2-14}$$

2.4.2　轮廓步长法圆弧插补(逆时针)

第一象限逆时针圆弧如图 2-12 所示，可得圆方程

$$x^2 + y^2 = r^2 \tag{2-15}$$

设 AB 弦线为内接弦，作为系统 $x^2 + y^2 = r^2$ 的轮廓步长 f ，代替弧线进给； M 为其中点，则 OM 垂直 AB ， OM 与 x 轴夹角为 α ，两个直角三角形相似。则有

$$\Delta x = x_{i+1} - x_i \tag{2-16}$$

$$\Delta y = y_{i+1} - y_i \tag{2-17}$$

将式(2-16)和式(2-17)代入式(2-15)可得

$$(y_i + \Delta y)^2 + (x_i + \Delta x)^2 = x_i^2 + y_i^2 \tag{2-18}$$

由式(2-18)可得

$$\Delta x = \frac{-2(y_i + \Delta y)\Delta y}{2x_i + \Delta x} \tag{2-19}$$

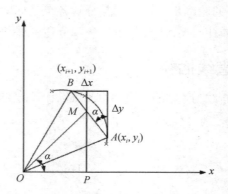

图 2-12　第一象限圆弧

如图 2-12 所示，可得

$$\Delta y = f \cos \alpha \tag{2-20}$$

$$\Delta x = -f \sin \alpha \tag{2-21}$$

$$\tan \alpha = \frac{y_i + \frac{1}{2}\Delta y}{x_i + \frac{1}{2}\Delta x} = \frac{y_i + f \cos \alpha}{x_i - f \sin \alpha} \tag{2-22}$$

由于 A 点位置的变化，α 不是固定值，在此取近似值 $\alpha \approx 45°$，并用 $\frac{23}{64}$ 代替 $\frac{1}{2}\sin \alpha$ 和 $\frac{1}{2}\cos \alpha$，得

$$\tan \alpha = \frac{y_i + f \cos \alpha}{x_i - f \sin \alpha} = \frac{y_i + \frac{23}{64}f}{x_i - \frac{23}{64}f} \tag{2-23}$$

由于 x_i 和 y_i 远大于 f，上述近似误差很小。

由此，可以按 4 个公式顺序，即 $\tan \alpha = \dfrac{y_i + \frac{23}{64}f}{x_i - \frac{23}{64}f}$，$\cos \alpha = \dfrac{1}{\sqrt{1 + \tan^2 \alpha}}$，$\Delta y = f \cos \alpha$

和 $\Delta x = \dfrac{-2(y_i + \Delta y)\Delta y}{2x_i + \Delta x}$，计算出 x 和 y 增量 Δx、Δy。

由圆方程得到 x 增量，保证了 B 点落在圆弧上。以内接弦进给代替弧线进给，提高了圆弧插补的精度。

对于第一象限顺时针圆弧，读者可以自行进行推导。

轮廓步长法象限处理可参考逐点比较法。

对于复杂的、没有数学函数的曲线，可以用圆弧、直线拟合方式转化为圆弧、直线插补。空间曲线插补可以参考相关文献。

复习思考题

一、填空题

1. 每个旋转、直线的运动轴被称为"坐标轴"，每个坐标轴的运动控制是由(可控执行元件)实现的。运动的合成需要由计算机(　　　)、数学算法实现，(　　　)精度决定机电一体化系统的性能。

2. 步进电动机驱动实现的轨迹实际是(　　　)，与设定轨迹存在误差，其最大误差为(　　　)。

3. 插补运算实现预定轨迹，可用(　　　)作为判别是否到达终点的条件。

4. 机电一体化系统中经常需要运动规律能够实现变化的装置或设备，典型的如(　　　)、(　　　)等。

5. 机电一体化系统中完成位置控制的数学方法是(　　　)。

6. 机电一体化系统运动规律的变化往往通过由(　　　)运动或(　　　)运动的合成实现的。

7. 机电一体化系统位置控制驱动有两大类系统：一类是(　　　)系统，采用步进电动机驱动，没有检测装置和反馈；另一类是(　　　)系统，采用交流或直流伺服电动机驱动，有检测装置和反馈。

8. 第一象限逆圆插补，当动点在圆弧内时，向(　　　)方向走一步；当动点在圆弧外时，向(　　　)方向走一步。

9. 第二象限逆圆插补，当动点在圆弧内时，向(　　　)方向走一步；当动点在圆弧外时，向(　　　)方向走一步。

10. 逐点比较法的直线和圆弧的插补原理适用于(　　　)系统。

二、简答题

1. 简要说明插补的概念。

2. 说明插补的原理？

3. 说明逐点比较法 4 个节拍及含义是什么？

三、选择题

1. 如图 2-13 所示，直线插补运动轨迹走向由 A 到 B，属于(　　　)直线插补。

  A. 第一象限 B. 第二象限 C. 第三象限 D. 第四象限

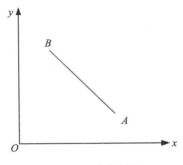

图 2-13　直线插补

2. 如图 2-13 所示，直线插补运动轨迹走向由 B 到 A，属于(　　)直线插补。

    A. 第一象限　　　　B. 第二象限　　　　C. 第三象限　　　　D. 第四象限

3. 传统凸轮、连杆等机构可以实现复杂的运动规律，这些机构的运动规律是(　　)的。

    A. 不可变化　　　　　　　　　　　B. 可变化

    C. 根据程序可修改　　　　　　　　D. 未知

4. 如图 2-14 所示，组合位置控制直线插补，动点轨迹由 A 点运动到 B 点，然后到 C 点，经过坐标系移动，可以看出直线 AB 在(　　)，直线 BC 在第一象限。

    A. 第一象限　　　　B. 第二象限　　　　C. 第三象限　　　　D. 第四象限

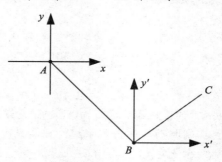

图 2-14　组合位置控制直线插补

5. 在第一象限的直线插补，起点坐标为 $A(0,0)$，$B(3000,2000)$，单位为脉冲数，终点使用总步数判别，总的步数是(　　)。

    A. 3000　　　　　B. 2000　　　　　C. 5000　　　　　D. 10000

四、综合题

如图 2-15 所示，设圆心 O 为原点，给出圆弧起点坐标 (x_0,y_0) 和终点坐标 (x_e,y_e)，由于圆的半径为 $R^2 = x_0^2 + y_0^2$，设圆弧上任一点坐标为 (x,y)，则有

$$(x^2 + y^2) - (x_0^2 + y_0^2) = 0$$

选择判别函数 F 为

$$F = (x^2 + y^2) - (x_0^2 + y_0^2)$$

(1) 根据动点所在区域不同，说明：

① $F > 0$，动点所在位置。

② $F = 0$，动点所在位置。

③ $F < 0$，动点所在位置。

(2) 说明按什么规则，实现第一象限逆时针方向的圆弧插补。

(3) 设起点坐标 (x_0,y_0) 和终点坐标 (y_e,y_e) 分别为 $(28,10.770)$ 和 $(14.967,26)$，系统的脉冲当量 $\delta = 0.01$，则 x 向和 y 向步进电动机各需走多少步？

(4) 如何控制步进电动机的插补速度？

(5) 终点是如何判别的？

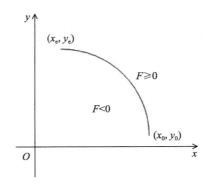

图 2-15　逆时针圆弧插补

第3章 机械系统部件的选择与设计

学习要点及目标

- 了解机电一体化系统中机械结构的主要功能。
- 了解机械传动部件的设计要求。
- 掌握齿轮传动比的最佳匹配，齿轮传动间隙的调整。
- 理解滚珠丝杠副的组成及特点，掌握滚珠丝杠副间隙调整的概念和方法。
- 了解同步齿形带传动的结构及特点。
- 了解谐波齿轮的工作原理。
- 了解谐波齿轮传动的特点和工作原理。
- 掌握导轨副的特点及间隙调整。

3.1 概　　述

在机电一体化系统中，机械结构主要通过执行机构、传动机构和支承部件完成规定的动作，传递功率、运动和信息，起支承、连接作用等。

机械结构是微机控制伺服系统的有机组成部分。因此，在设计机械系统时，除考虑一般机械设计要求外，还必须考虑机械结构因素与整个伺服系统的性能参数、电气参数的匹配，以获得良好的伺服性能。

为了发挥机电一体化系统的特长，机械本体必须改善性能、减轻重量和提高精度，即做到：

(1) 减轻重量，提高灵敏度。

(2) 提高刚性，减少变形的影响。

(3) 实现组件化、标准化和系列化。

(4) 提高系统整体的可靠性。

3.2 机械传动部件的设计要求和原则

机电一体化系统对机械传动部件的主要要求有 4 点。

1. 机电系统对机械传动部件的要求

机电系统中的机械传动部件应具有良好的伺服性能，这要求机械传动部件的转动惯量小、摩擦小、阻尼合理、刚度大、抗振性好、间隙小，以及小型、轻量、高速、低噪声和高可靠性等。

2. 总传动比的确定

在伺服系统中，通常采用负载角加速度最大原则选择总传动比，以提高伺服系统的响应速度。

3. 传动链的级数和各级传动比的分配

(1) 等效转动惯量最小原则。

(2) 质量最小原则。

(3) 输出轴转角误差最小原则。

4. 三种原则的选择

(1) 对于传动精度要求高的降速齿轮传动链，可按输出轴转角误差最小原则设计。

(2) 对于要求运转平稳、启停频繁和动态性能好的降速传动链，可按等效转动惯量最小原则和输出轴转角误差最小原则设计。

(3) 对于要求质量尽可能小的降速传动链，可按质量最小原则设计。

3.3　齿轮副传动

当使用齿轮副传动时，要求有足够的刚度，其转动惯量尽量小，精度高；齿轮传动比 i 应满足驱动部件与负载之间的位移及转矩、转速的匹配要求；采用必要调整齿侧间隙的方法来消除或减小啮合间隙。

3.3.1　齿轮副等效惯量计算和传动比分配

以二级齿轮减速器为例，说明等效惯量计算和传动比分配方法。二级齿轮减速器如图 3-1(齿轮 1、3 相同)所示。设 i_1，i_2 分别为齿轮 1 和 2、齿轮 3 和 4 的传动比，则总传动比 i 为

$$i = i_1 i_2 \tag{3-1}$$

各齿轮近似实心圆柱体，分度圆直径 d、齿宽 B、比重 γ 均相同，则转动惯量 J 为

$$J = \frac{\pi B \gamma}{32g} d^4 \tag{3-2}$$

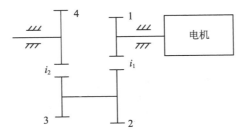

图 3-1　二级齿轮减速器示意图

由此可得各齿轮的转动惯量为

$$J_1 = J_3 = \frac{\pi B \gamma}{32g} d_1^4 \tag{3-3}$$

$$J_2 = \frac{\pi B \gamma}{32g} d_2^4 \tag{3-4}$$

$$J_4 = \frac{\pi B \gamma}{32g} d_4^4 \tag{3-5}$$

根据式(3-3)和式(3-4)可得

$$\frac{J_2}{J_1} = \left(\frac{d_2}{d_1}\right)^4 = i_1^4 \tag{3-6}$$

即 $J_2 = J_1 i_1^4$；同理可求出 $J_4 = J_1 i_2^4 = J_1 \left(\dfrac{i}{i_1}\right)^4$。等效到电机轴的转动惯量为

$$J = J_1 + \frac{J_2}{i_1^2} + \left(J_3 + \frac{J_4}{i_2^2}\right) \cdot \frac{1}{i_1^2} = J_1 + i_1^2 J_1 + \frac{J_1}{i_1^2} + \frac{i_2^2}{i_1^2} \cdot J_1 \tag{3-7a}$$

简化为

$$J = J_1 \left(1 + i_1^2 + \frac{1}{i_1^2} + \frac{i^2}{i_1^4}\right) \tag{3-7b}$$

根据等效转动惯量最小原则，令 $\dfrac{\partial J}{\partial i_1} = 0$，得到

$$i_1^4 - 1 - 2i_2^2 = 0$$

$$i_2 = \sqrt{\frac{i_1^4 - 1}{2}} \approx \frac{i_1^2}{\sqrt{2}} \tag{3-8}$$

即按照等效转动惯量最小原则，传动比分配方法可按式(3-8)进行计算。

3.3.2　齿轮副间隙的调整

齿轮副间隙的调整作用主要是消除或缩小齿轮传动中的反向误差，即齿轮副的啮合间隙。

1. 偏心套(轴)调整法

调整偏心套(轴)的位置，使两个啮合中心距变化，消除齿侧间隙，如图 3-2(a)所示为通过调整偏心套调整小齿轮和大齿轮啮合中心距的大小，图 3-2(b)所示为通过调整偏心轴调整啮合中心距的大小。

特点：结构简单，但其侧隙不能自动补偿。

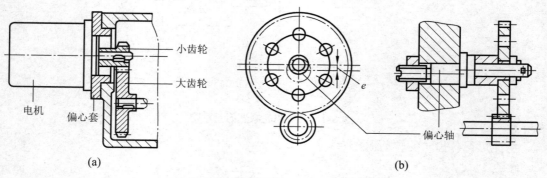

图 3-2　偏心套、偏心轴调整示意图

2. 轴向垫片调整法

如图 3-3 所示为轴向垫片调整示意图，沿齿轮轴向各个截面，齿轮变位系数不同，齿根、齿顶有锥度，利用垫片使两个齿轮沿轴向相对移动，以消除齿侧间隙。

特点：结构简单，但其侧隙不能自动补偿。

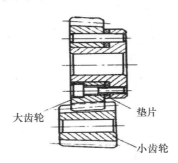

大齿轮　　　垫片

小齿轮

图 3-3　轴向垫片调整

3. 双片薄齿轮错齿调整法

特点：输出扭矩小，适用于读数装置而不适用于驱动装置。

(1) 双片薄齿轮错齿调整法——周向弹簧式。

如图 3-4 所示，一个齿轮做成宽齿轮，另一个齿轮由两个薄片齿轮组成，在两个薄片齿轮 3 和 4 端面上有安装弹簧 2 的短柱 1，在弹簧力的作用下，使两个薄片齿轮 3、4 产生错位，可以消除与宽齿轮的齿侧间隙。

(2) 双片薄齿轮错齿调整法——可拉弹簧式。

如图 3-5 所示，一个齿轮做成宽齿轮，另一个齿轮由两个薄片齿轮组成，在两个薄片齿轮 1、2 上装有凸耳 3，弹簧 4 一端装在凸耳 3 上，另一端挂在螺钉 7 上，弹簧力的大小可用螺母 5 调节螺钉 7 的伸出长度实现，调好后通过螺母 6 锁紧。

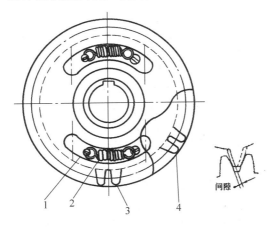

间隙

1　　2　　　3　　　4

图 3-4　周向弹簧式

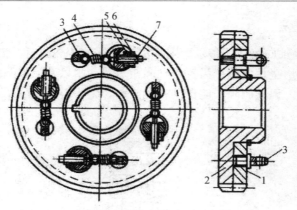

图 3-5　可拉弹簧式

3.4　滚珠丝杠副传动部件

　　滚珠丝杠副传动部件在机电一体化系统中应用广泛，可把伺服或步进电动机的旋转运动转变为直线移动。通过在丝杠和螺母滚道中放入滚珠，使螺纹间产生的滑动摩擦转变为滚动摩擦，以减小运动时的摩擦力。

特点：

(1) 磨损小，传动效率高，传动平稳。

(2) 寿命长，精度高，温升低。

(3) 结构复杂，成本高，不能自锁。

(4) 传动的距离和速度有限。

3.4.1　滚珠丝杠副的组成

　　如图 3-6 所示，滚珠丝杠副的组成包括带螺纹槽的丝杠、带螺纹槽的螺母、滚珠和反向器(回珠管)。

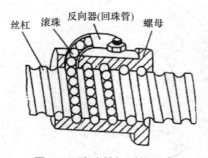

图 3-6　滚珠丝杠副的组成

3.4.2　滚珠丝杠副的典型结构类型和尺寸

1. 螺纹滚道型面的类型

　　如图 3-7 所示为目前常用的两种滚道类型：图 3-7(a)为单圆弧形，图 3-7(b)为双圆弧形。

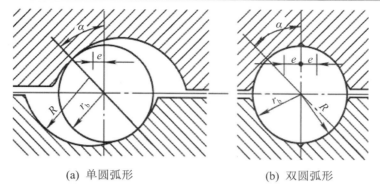

(a) 单圆弧形　　　　　　　(b) 双圆弧形

图 3-7　螺纹滚道形面

2. 螺纹滚道形面的主要尺寸和特点

(1) 单圆弧形结构，如图 3-7(a)所示。

理想接触角：$\alpha = 45°$。

滚道圆弧半径：$R = 1.04 r_b$，其中 r_b 为滚珠半径。

偏心距：$e = \sin \beta (R - r_b)$。

特点：接触角随轴向载荷的变化而变化，α 增大将使效率增加，轴向刚度增大，承载能力增强。

(2) 双圆弧形结构，如图 3-7(b)所示。

接触角 α 基本保持不变，加工成本高。

(3) 滚珠的循环方式：循环是维持滚珠做近似纯滚动的必要措施，包括内循环和外循环。

① 内循环。

如图 3-8 所示，滚珠在循环过程中始终没有脱离丝杠，均利用反向器实现滚珠循环。在螺母的侧面孔内装有接通相邻滚道的反向器，利用反向器引导滚珠越过丝杠螺纹顶部进入相邻滚道。图 3-8(a)为半剖展示，图 3-8(b)为全剖展示。

特点：滚珠循环回路短，流畅性好，效率高；螺母的径向尺寸小，加工困难，装配调整不易；适用于高速、高灵敏度、高刚度的精密进给系统。

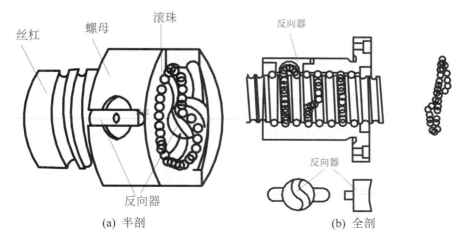

(a) 半剖　　　　　　　　　　(b) 全剖

图 3-8　滚珠内循环方式

② 外循环。

滚珠在循环过程中脱离过丝杠，在循环过程结束后滚珠通过螺母外表面的螺旋槽或插管返回丝杠螺母间重新进入循环。

特点：滚珠循环回路长，流畅性差，效率低；工艺简单，螺母的径向尺寸大，易于制造；挡珠器刚性差，易磨损。

如图 3-9(a)所示为螺旋槽式外循环，由套筒、螺母、滚珠、挡珠器及丝杠组成；图 3-9(b)为插管式外循环，由弯管、压板、丝杠、滚珠及滚道等组成。

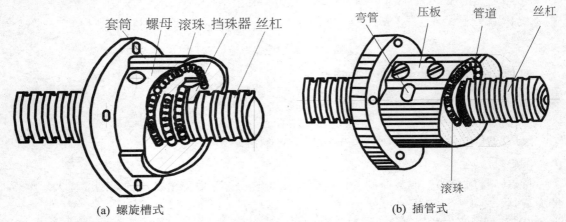

(a) 螺旋槽式　　　　　　　　　　　　　(b) 插管式

1—套筒　2—螺母　3—滚珠　4—挡珠器　5—丝杠　　　1—弯管　2—压板　3—丝杠　4—滚珠　5—滚道

图 3-9　滚珠外循环螺旋槽式、插管式示意图

如图 3-10 所示为端盖式外循环示意图。这种方式应用较少，常以单螺母形式用作升降传动机构。

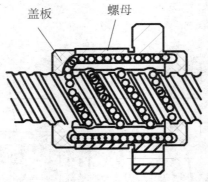

图 3-10　端盖式外循环示意图

3. 滚珠丝杠副的主要尺寸参数

如图 3-11 所示为滚珠丝杠副主要尺寸参数示意图，包括公称直径 d_0，丝杠大小径 d_1、d_2，螺母大小径 D_2、D_3，滚珠直径 D_w。

1) 公称直径 d_0

公称直径是指滚珠与螺纹滚道在理论接触角状态时包络滚珠球心的圆柱直径，它是滚珠丝杠副的特征尺寸。

2) 基本导程 p_h

基本导程是指丝杠相对螺母旋转 2π 弧度时，螺母上基准点的轴向位移。

基本导程小，则精度高，承载能力小。

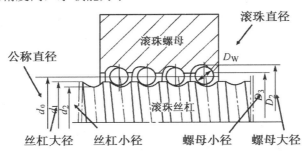

图 3-11　滚珠丝杠副主要尺寸参数示意图

3) 滚珠直径 D_W

滚珠直径大，则承载能力也大。

4) 滚珠个数(N)

滚珠个数过多，流通不畅，易产生阻塞；滚珠个数过少，承载能力小，滚珠加剧磨损和变形，一般取 $N < 150$。

5) 滚珠的工作圈(或列)数(j)

由于第一、第二、第三圈(或列)分别承受轴向载荷的 50%、30%、15%左右，因此工作圈(或列)数一般取：$j = 2.5 \sim 3.5$。

4. 滚珠丝杠副轴向间隙的调整与预紧

滚珠丝杠副轴向间隙调整的目的是保证反向传动精度。

滚珠丝杠副轴向间隙预紧的目的是提高刚度，减少变形量。

常用的方法是双螺母预紧法、单螺母预紧法。

1) 双螺母螺纹调隙预紧

特点：结构简单，刚性好，预紧可靠，使用中调整方便，但不能精确定量调整。

双螺母螺纹调隙式结构示意图如图 3-12 所示，预紧后左右螺母滚珠状态如图 3-13 所示。

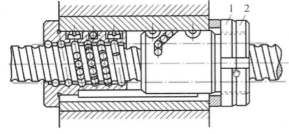

图 3-12　双螺母螺纹调隙式结构示意图

1、2—锁紧螺母

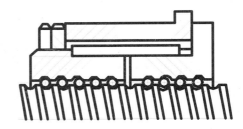

图 3-13　预紧后左右螺母滚珠状态示意图

2) 双螺母齿差调隙预紧

特点：可实现定量调整，使用中调整方便。

图 3-14 所示为双螺母齿差调隙式结构示意图。

两边齿轮同向旋转一个齿时，螺母的轴向位移量为：$\Delta L = \dfrac{|z_1 - z_2|}{z_1 z_2} L_0$，可以实现定量微小间隙调整。

3) 双螺母垫片预紧调整

特点：结构简单，刚性高，预紧可靠，但使用中调整不方便。

双螺母垫片预紧调整结构示意图如图 3-15 所示。

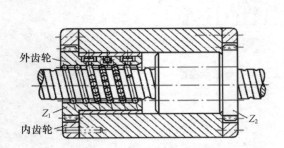

图 3-14　双螺母齿差调隙式结构示意图

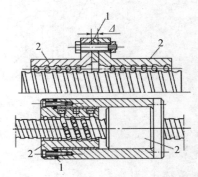

图 3-15　双螺母垫片预紧调整结构示意图

1—垫片；2—螺母

4) 单螺母变位导程自预紧

特点：结构简单、紧凑，但使用中不能调整，制造困难。

单螺母变位导程自预紧示意图如图 3-16 所示。

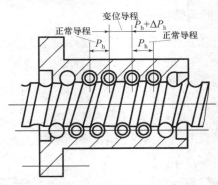

图 3-16　单螺母变位导程自预紧示意图

5. 滚珠丝杠副支承方式的选择

1) 两端固定

特点：轴向刚度较高，适合高速、高精度；由于两端固定，端克服轴向力。

滚珠丝杠副两端固定支承方式如图 3-17 所示。

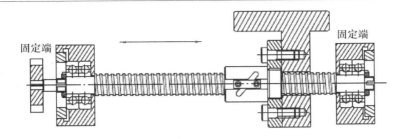

图 3-17　滚珠丝杠副两端固定支承方式

2) 一端固定，一端支撑

特点：轴向刚度低，适合中速、精度高的长丝杠。

一端固定、一端支承固定方式如图 3-18 所示。

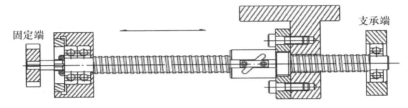

图 3-18　一端固定、一端支承固定方式

3) 一端固定，一端自由

特点：轴向刚度低，适合轻载、低速的短丝杠，更适合垂直安装方式。

一端固定、一端自由支承方式如图 3-19 所示。

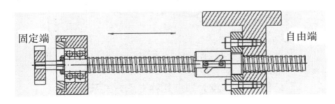

图 3-19　一端固定、一端自由支承方式

图 3-19 中的结构适合轴向力较小的情形；当轴向力较大时，为了提高刚度，可以使用推力轴承，如图 3-20 所示。

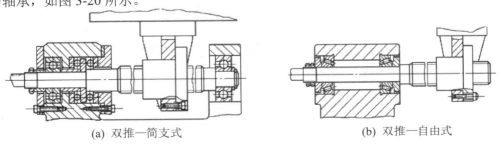

(a) 双推—简支式　　　　　　　　　　(b) 双推—自由式

图 3-20　推力轴承示意图

图 3-20(a)为双推—简支式，一端安装推力轴承与深沟球轴承的组合，另一端仅安装深

沟球轴承，其轴向刚度较低，使用时应注意减少丝杠热变形的影响。双推端可预拉伸安装，预紧力小，轴承寿命较高，适用于中速、传动精度较高的长丝杠传动系统。

图 3-20(b)为双推—自由式，一端安装推力轴承与深沟球轴承的组合，另一端悬空呈自由状态，故轴向刚度和承载能力低，多用于轻载、低速的垂直安装的丝杠传动系统。

图 3-21 为推力轴承几种支承方式示意图。

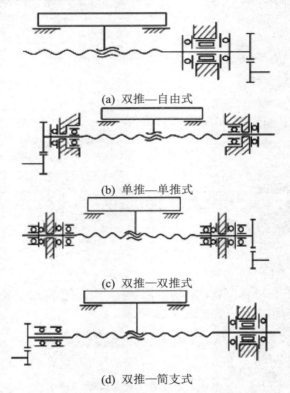

(a) 双推—自由式

(b) 单推—单推式

(c) 双推—双推式

(d) 双推—简支式

图 3-21　推力轴承几种支承方式示意图

6. 滚珠丝杠副润滑防护

滚珠丝杠副一般采用脂润滑或滴油润滑，丝杠高速运转时采用喷雾润滑，如图 3-22 所示。

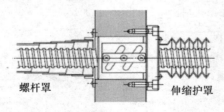

螺杆罩　　　　　伸缩护罩

图 3-22　滚珠丝杠副润滑防护

3.5　同步齿形带传动

同步齿形带传动是一种在带的工作面及带轮的外周上均制有啮合齿，由带齿与轮齿的相互啮合实现的传动。如图 3-23(a)所示为同步齿形带与带轮，如图 3-23(b)所示为一种齿形带，如图 3-23(c)所示为带轮。

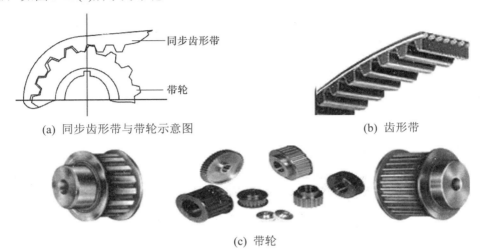

(a) 同步齿形带与带轮示意图　　　　　　　　(b) 齿形带

(c) 带轮

图 3-23　同步齿形带传动机构

3.5.1　同步齿形带传动的特点

(1) 传动比准确，传动效率高。
(2) 工作平稳，能吸收振动，噪声小。
(3) 不需要润滑，耐油水、耐高温、耐腐蚀，维护保养方便。
(4) 中心距要求严格，安装精度要求高。
(5) 制造工艺复杂，成本高。

3.5.2　带和带轮结构

如图 3-24 所示，梯形齿同步带结构由带背、承载绳、带齿和橡胶基体构成。

如图 3-25 所示，同步带轮结构由齿圈、挡圈和轮毂构成。

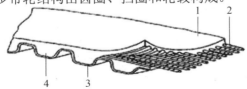

图 3-24　梯形齿同步带结构

1—带背　2—承载绳　3—带齿　4—橡胶基体

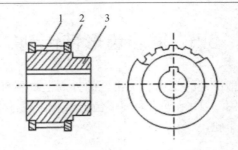

图 3-25 同步带轮结构

1—齿圈 2—挡圈 3—轮毂

3.6 谐波齿轮传动

3.6.1 特点

(1) 结构简单，体积小，重量轻。

(2) 传动比范围大。

(3) 同时啮合的齿数多，运动精度高，承载能力大。

(4) 运动平稳，噪声低。

(5) 实现差速运动。

3.6.2 组成和工作原理

如图 3-26 所示，谐波齿轮传动由刚轮、柔轮和谐波发生器组成。

利用弹性变形原理，通常谐波发生器为主动件，而刚轮或柔轮为从动件，从动件之一固定。谐波发生器的长度略大于柔轮的直径，柔轮呈椭圆形，长轴方向啮合，短轴脱开。当谐波发生器运转时，长、短轴位置不断变化，齿处于啮合和半啮合交替状态，刚轮和柔轮之间产生位移。

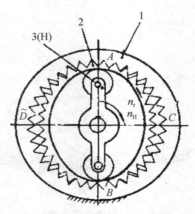

图 3-26 谐波齿轮传动的组成

1—刚轮 2—柔轮 3—谐波发生器

3.7　导轨副的设计与选择

设备上两相对运动部件的配合面组成一对导轨副，导轨副由运动部件和支承部件组成。运动部件相对于支承部件只有一个自由度。

导轨副主要用来支承和引导运动部件沿着一定的轨迹运动。

3.7.1　导轨副的组成、分类及其应满足的条件

1. 导轨副的组成

如图 3-27 所示，导轨副由承导件和运动件组成，承导件在导轨副中为不运动的一方，运动件在导轨副中为运动的一方。

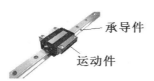

图 3-27　导轨副的组成

2. 导轨副的分类

(1) 按运动轨迹，可分为直线运动导轨副和回转运动导轨副，如图 3-28 所示。

(2) 按接触面的摩擦性质，可分为滑动导轨副、滚动导轨副、流体介质摩擦导轨副、弹性摩擦导轨副，具体如图 3-29 所示。

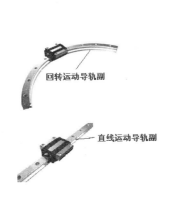

图 3-28　回转、直线运动导轨副

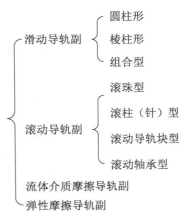

图 3-29　按接触面的摩擦性质分类

(3) 按导轨副的截面形状，可分为三角形、矩形、燕尾形、圆形等，每种截面形状又分为凸形和凹形，具体如表 3-1 所示。

表 3-1 导轨副的截面形状分类

	棱柱形				圆形
	对称三角形	不对称三角形	矩形	燕尾形	
凸形	45° 45°	90° 15°～30°		55° 55°	
凹形	90°～120°	65°～70° 90°		55° 55°	

(4) 按结构特点, 可分为开式导轨副和闭式导轨副, 如图 3-30 所示。

开式导轨副如图 3-30(a)所示, 在部件自重和外载 F 作用下, 导轨面在全长上始终贴合。

闭式导轨副如图 3-30(b)所示, 在倾覆力矩 M 的作用下, 自重不能使导轨面贴合, 必须使用压板作为辅助导轨面, 以保证导轨贴合。

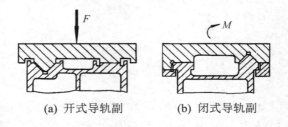

(a) 开式导轨副   (b) 闭式导轨副

图 3-30 开式、闭式导轨副

(5) 按运动性质, 可分为主运动导轨副、进给运动导轨副和移置导轨副。

① 主运动导轨副: 运动件和承导件之间相对运动速度较高。

② 进给运动导轨副: 运动件和承导件之间相对运动速度较低。

③ 移置导轨副: 只用于调整部件间相对位置, 移置后固定, 平时没有相对运动。

3. 导轨副应满足的基本条件

(1) 导向精度高: 运动件沿导轨运动的准确性因素包括垂直面的直线度、水平面的直线度、两导轨间的平行度, 如图 3-31 所示。影响导向精度的因素包括导轨的结构形式, 导轨的几何精度和接触精度, 导轨的配合间隙, 油膜厚度和油膜刚度(静压导轨), 导轨和支承导件的刚度热变形等。

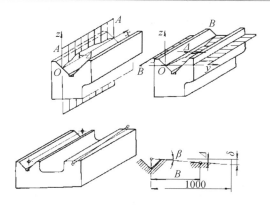

图 3-31　导轨运动的准确性因素

(2) 刚性好：外载作用下抵抗变形的能力。

(3) 精度的保持性(耐磨性)：长期使用保持精度的能力。

(4) 运动的灵活性和低速运动的平稳性：低速运动或微量位移时不出现爬行现象。

① 减小摩擦可以提高系统运动的灵活性和低速运动的平稳性；可通过选择合适的材料，润滑，动静摩擦系数差值，传动链刚度等减小摩擦。

② 为防止爬行现象的出现，可同时采取以下几项措施：采用滚动导轨、静压导轨、卸荷导轨、贴塑导轨等。

③ 在普通导轨上使用含有极性添加剂的导轨油。

④ 用减小接合面、增大结构尺寸、缩短传动链、减少传动副等方法来提高传动系统的刚度。

(5) 对温度的敏感性：导轨对温度变化的敏感性主要取决于导轨材料和导轨配合间隙的选择。

4. 导轨的组合形式

(1) 双三角组合，如图 3-32 所示。

不需要镶条调整间隙，接触刚度好；导向性和精度保持性好；工艺差，加工维修不便，用于精度较高的设备中。由于采用对称结构，两条直线导轨磨损均匀，磨损后对称位置不变，故加工精度影响小。接触刚度好，导向精度高，四个表面刨削或磨削也难以完全接触，即使运动件热变形不同，也不能保证 4 个面同时接触，故不宜用在温度变化大的场合。

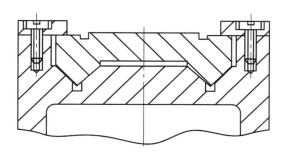

图 3-32　导轨的双三角组合

(2) 三角形和矩形的组合，如图 3-33 所示。

这种组合形式以三角直线导轨为导向面，导向精度较高，而平导轨的工艺性好，因此应用最广。这种组合有 V–平组合、棱–平组合两种形式。V–平组合导轨易储存润滑油，低、高速都能采用；棱–平组合直线导轨不能储存润滑油，只用于低速移动。为使直线导轨移动轻便、省力，两导轨磨损均匀，驱动元件应设在三角形导轨之下或偏向三角形导轨。

(3) 矩形和矩形的组合，如图 3-34 所示。

这种导轨的承载面和导向面分开，因而制造和调整简单。导向面的间隙用镶条调整，接触刚度低。

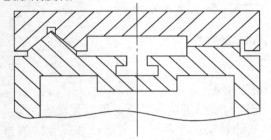
图 3-33　三角形和矩形的组合方式

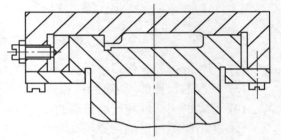
图 3-34　矩形和矩形的组合方式

5. 导轨间隙的调整

为保证导轨正常工作，导轨滑动表面之间应保持适当的间隙。间隙过小，会增加摩擦阻力；间隙过大，会降低导向精度，容易产生振动。导轨的间隙如依靠刮研来保证，劳动量大，而且导轨经过长期使用后会因磨损而增大间隙，需要及时调整，故导轨应有间隙调整装置。

调整方法是采用镶条或压板。

1) 镶条调整

镶条用来调整矩形导轨和燕尾形导轨的侧隙，以保证导轨面的正常接触。常用的镶条有平镶条(图 3-35(a))和楔形镶条(图 3-35(b))，被放在导轨受力较小的一侧。

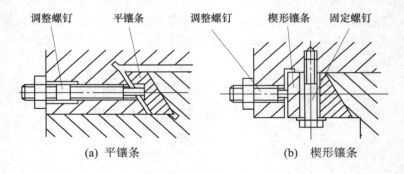

(a)　平镶条　　　　　　　(b)　楔形镶条

图 3-35　镶条调整

(1) 平镶条。

平镶条的横截面有矩形、平行四边形等。如图 3-36 所示为平镶条调整。平镶条全长由几个调整螺钉进行间隙调整，其特点是调整方便、制造容易，但只在与螺钉接触的几个点受力，容易变形，刚度低。

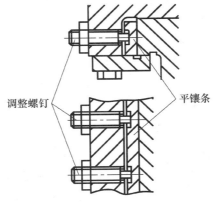

调整螺钉　　　　　　　　　　　平镶条

图 3-36　平镶条调整

(2) 楔形镶条。

楔形镶条(斜镶条)的侧面被磨成斜度很小的斜面，导轨间隙是通过镶条的纵向移动来调整的。为了缩短镶条的长度，一般将其放在运动件上。

楔形镶条的两个面分别与动导轨和支承导轨均匀接触，所以比平镶条刚度高。

楔形镶条的斜度为 1∶100～1∶40，镶条越长，斜度应越小，以免两端厚度相差太大。

如图 3-37(a)所示的间隙调整结构简单，但螺钉凸肩与斜镶条的缺口间不可避免地存在间隙，可能使镶条产生窜动；如图 3-37(b)所示的结构较为完善，但轴向尺寸较长，调整也较麻烦；如图 3-37(c)所示是由斜镶条两端的螺钉进行调整，镶条的形状简单，便于制造。

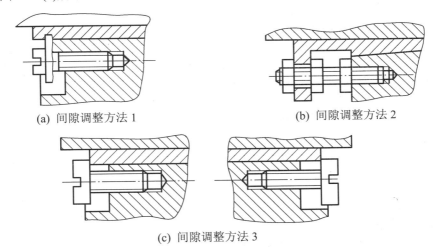

(a) 间隙调整方法 1　　　　　　　　　　(b) 间隙调整方法 2

(c) 间隙调整方法 3

图 3-37　楔形镶条调整

2) 压板调整

压板用于调整辅助导轨面的间隙、承受颠覆力矩。

调整方法是卸下压板，刮研配合面。

如图 3-38(a)所示，利用磨或剖压板 3 的面 d 和面 e 来调整间隙，压板 3 的面用空刀槽分开。间隙大时，磨或刮面 d；间隙太小时，则磨或刮面 e。这种方式结构简单，应用较多，但调整起来比较麻烦，适用于不常调整、直线导轨耐磨性好或间隙对精度影响不大的场合。

也可以用改变压板与接合面间垫片的厚度这一方法来调整间隙，如图 3-38(b)所示。垫片 4 是由许多薄铜片叠在一起组成的，一侧用锡焊，调整时根据需要进行增减。这种方法比刮或磨压板更为方便，由于需要调整的量受垫片厚度的限制，所以降低了接合面的接触刚度。

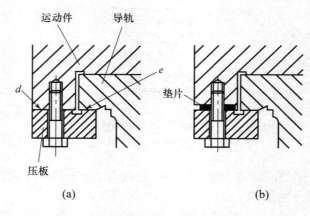

图 3-38　压板调整

3.7.2　滚动导轨副的结构及其选择

滚动导轨副形式是在运动件和承导件之间放置滚动体(滚珠、滚柱、滚动轴承等)。滚动体通常由专业厂生产，可以外购选用。

1. 直线运动滚动导轨副的特点

(1) 优点如下。
① 摩擦系数小(0.003～0.005)，运动灵活。
② 不易出现爬行现象。
③ 可以预紧，刚度高。
④ 寿命长。
⑤ 精度高。
⑥ 润滑方便。
(2) 缺点如下。
① 抗振性差，接触应力大。
② 对导轨的表面硬度、表面形状精度和滚动体的尺寸精度要求高。
③ 结构复杂，制造困难，成本高。
④ 对脏物比较敏感，必须有良好的防护装置。

2. 对滚动导轨副的基本要求

对滚动导轨副的基本要求如下。

(1) 导向精度：无论在空载或切削工件时导轨副都应有足够的导向精度，以保证运动件沿导轨移动时的直线性及其与有关基面之间相互位置的准确性。

(2) 耐磨性：耐磨性能好(即要求导轨副在长期使用过程中保持一定导向精度的能力强)。因导轨副在工作过程中难免磨损，所以应力求减少磨损量。

(3) 刚度：因导轨副受力变形会影响部件之间的导向精度和相对位置，因此要求轨道副应有足够的刚度。

(4) 工艺性：结构简单、工艺性好，制造和维修方便，在使用时便于调整和维护。

3. 分类

滚动导轨副的分类如图 3-39 所示，从滚动体是否循环可分为滚动体不循环和滚动体循环两种。

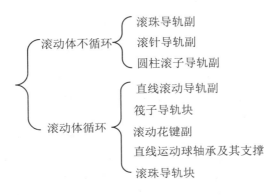

图 3-39　滚动导轨副分类

(1) 滚动体不循环：结构简单，制造容易，成本较低，但施加预紧力较难，刚度较低，抗振性差，行程不能太长，不能承受冲击载荷。

① 滚珠导轨副，如图 3-40 所示。滚珠导轨副的特点是：摩擦小，但承载能力差，刚度低，不能承受大的颠覆力矩和水平力，适用于载荷不超过 200 N 的小型部件。

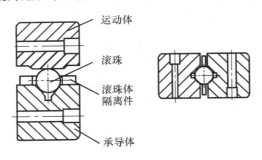

图 3-40　滚珠导轨副的结构

② 滚针导轨副，如图 3-41 所示。滚针导轨副的特点是：承载力比圆柱滚子导轨副大，但安装精度要求更高，适用于结构尺寸受限制的机床。

③ 圆柱滚子导轨副，如图 3-42 所示。圆柱滚子导轨副的特点是：承载能力和刚度比滚珠导轨副好，导向性能较高，对安装精度的要求也较高。

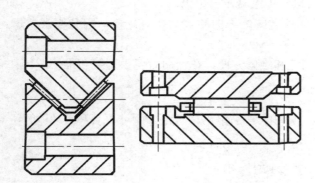

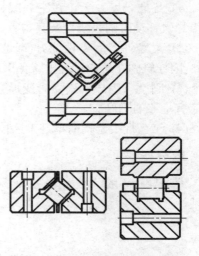

图 3-41　滚针导轨副的结构　　　　　　　图 3-42　圆柱滚子导轨副的结构

当采用双滚动导轨副时组合方式有多种，如图 3-43(a)为三角—平面滚珠导轨副组合，图 3-43(b)为双三角滚珠导轨副组合。图 3-44 为双三角交叉滚柱导轨副组合方式。

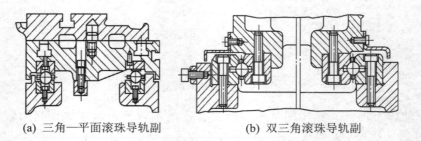

(a)　三角—平面滚珠导轨副　　　　　(b)　双三角滚珠导轨副

图 3-43　滚动导轨副组合方式

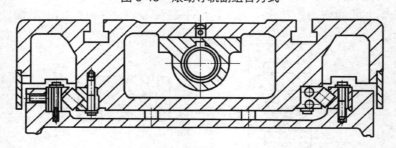

图 3-44　双三角交叉滚柱导轨副

(2) 滚动体循环：行程无限，一般被制造成标准件，可用于重载条件下；但结构复杂，装卸、调整不方便。

① 直线滚动导轨副，如图 3-45 所示，其组成包括滚动循环系统(滑块、导轨、端盖、钢珠、钢珠保持器)、润滑系统(油嘴、油管接头)、防尘系统(刮油片、金属刮板、导轨螺栓盖、防尘片)。

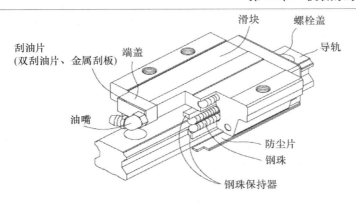

刮油片
(双刮油片、金属刮板)　端盖　　滑块　　螺栓盖　　导轨

油嘴　　　　　　　　　　　　　　　防尘片
钢珠
钢珠保持器

图 3-45　直线滚动导轨副

直线滚动导轨副可以承受的力矩如图 3-46 所示。

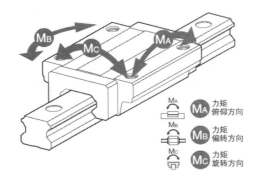

M_A　力矩 俯仰方向
M_B　力矩 偏转方向
M_C　力矩 旋转方向

图 3-46　直线滚动导轨副承受力矩示意图

导轨副在使用时根据需要可采用单导轨副配置，如图 3-47 所示，但通常采用双导轨副配置，如图 3-48 所示。

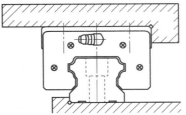

图 3-47　单导轨副配置

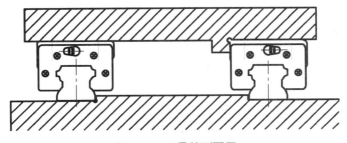

图 3-48　双导轨副配置

双导轨副配置安装时可通过垫块来调整滑块与导轨的位置关系。如图 3-49 所示为三种安装示意图。

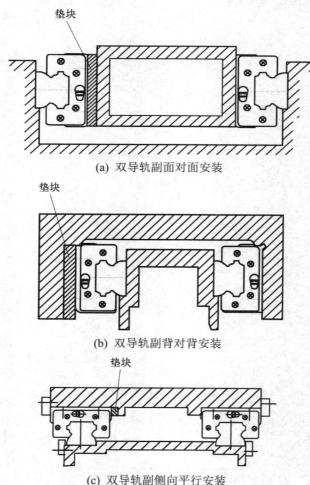

(a) 双导轨副面对面安装

(b) 双导轨副背对背安装

(c) 双导轨副侧向平行安装

图 3-49　导轨副安装示意图

导轨副固定方式：受到振动、冲击时，导轨副和滑块容易偏离原来的规定位置。为避免这种情况，导轨副和滑块经常使用图 3-50 所规定的固定方式。

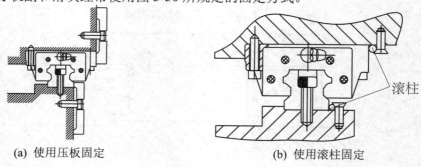

(a) 使用压板固定

(b) 使用滚柱固定

图 3-50　导轨副固定方式

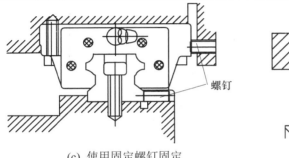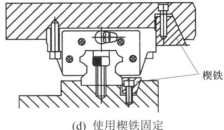

(c) 使用固定螺钉固定　　　　　　　(d) 使用楔铁固定

图 3-50　导轨副固定方式(续)

双导轨副配置时基准侧全固定，如图 3-51 所示。

② 滚珠导轨块。

把导轨组件化变成直线滚动导轨块，系列化，外观如图 3-52 所示。

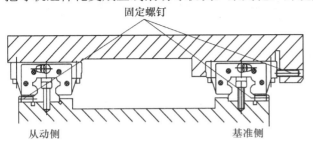

图 3-51　双导轨副基准侧全固定　　　　　图 3-52　滚珠导轨块

3.8　导轨的润滑与防护

3.8.1　导轨的润滑

为了降低摩擦力、减少磨损、降低温度和防止生锈，需要对导轨进行润滑。

(1) 润滑要求：润滑油要清洁，油量可以调节，元件要可靠，并有安全报警装置。

(2) 润滑方式如下。

① 人工定期向导轨面浇油。

② 在运动件上装油杯，使油沿油孔流或滴向导轨面。

③ 安装手动润滑泵，定时拉动几下供油。

④ 采用压力油强制润滑：装润滑电磁泵，安装集中润滑站。

为使润滑油在导轨面上较均匀地分布，以保证润滑效果，需在滑动导轨面上开出油沟。

(3) 润滑油的选择如下。

① 滑动导轨用润滑油。

② 滚动导轨则润滑油、润滑脂都可用，多采用润滑脂润滑。

3.8.2 导轨的防护

对导轨进行防护的主要目的是防止或减少导轨副磨损。

常用的导轨防护方式如下。

(1) 刮板式(如图 3-53 所示)包括金属刮板、毛毡加压盖,以及金属刮板与毛毡组合等方式。

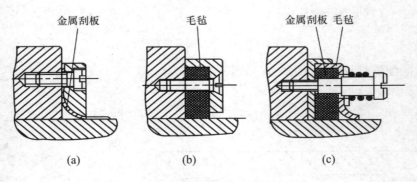

图 3-53　刮板式防护

(2) 防护罩(如图 3-54 所示)包括软皮腔和叠层式护罩等方式,如图 3-55 所示为滚动导轨专用防护罩。

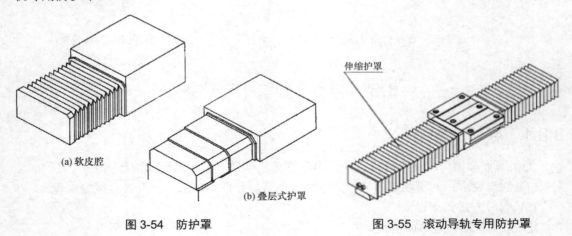

图 3-54　防护罩　　　　　　　　　　　图 3-55　滚动导轨专用防护罩

复习思考题

一、填空题

1. 为保证导轨的正常工作,导轨滑动表面之间应保持适当的(　　　)。

2. 在机电一体化系统中,机械结构主要通过(　　　)、(　　　)和(　　　)完成规定的动作,传递功率、运动和信息,起支承、连接作用等。

3. 对于要求运转平稳、启停频繁和动态性能好的降速传动链,可按(　　　　　)原则和(　　　　　)原则设计。

4. 对于传动精度要求高的降速齿轮传动链,可按输出轴转角误差(　　　)原则设计。

5. 对于要求质量尽可能小的降速传动链,可按质量(　　　)原则设计。

6. 当使用齿轮副传动时,要求有足够的(　　　),其转动惯量尽量小,精度高。

7. 齿轮副间隙的调整作用,主要是消除或缩小齿轮传动中的(　　　)误差,即齿轮副的啮合间隙。

8. 齿轮传动应采用必要调整(　　　　)间隙的方法来消除或减小啮合间隙。

9. 导轨副由(　　　) 部件和(　　　)部件组成。

10. 导轨的功用是(　　　)和(　　　)。

11. 受到振动、冲击时,导轨和滑块容易偏离原来的规定位置,为避免这种情况,导轨和滑块经常使用规定方式加以固定,主要有(　　　)、(　　　)、使用固定螺钉固定和使用楔铁固定。

12. 机电一体化系统通常采用(　　　)丝杠副、(　　　)导轨支撑等。

13. 滚动导轨的缺点:导轨面与滚动体是(　　　)接触,所以抗振性差,接触应力大。

14. 滚珠丝杠副轴向间隙的调整与预紧:轴向间隙调整的目的是(　　　　);预紧目的是(　　　　)。

15. 谐波齿轮传动结构简单、体积小、重量轻,(　　　) 范围大,同时啮合的齿数多、运动精度高、承载能力大。

16. 滚珠丝杠副的组成:带螺纹槽的(　　　)、带螺纹槽的(　　　)、(　　　)和(　　　)。

17. 滚珠丝杠副滚珠的循环方式有(　　　)和(　　　)。

18. 滚珠丝杠副滚珠个数 N 过多,流通不畅,易产生(　　　);滚珠个数 N 过少,承载能力小,滚珠(　　　　),一般取 $N <$(　　　)。

二、选择题

1. 谐波齿轮传动是利用行星轮系传动原理,其中波发生器相当于(　　　)。

　　A. 行星轮系的中心轮　　　　　　B. 行星轮系的行星轮

　　C. 行星轮系的系杆　　　　　　　D. 行星轮系的凸轮

2. 滚珠丝杠副的基本导程的大小应根据机电一体化系统的精度要求确定,精度要求高时应选取较小的基本导程,工作圈数一般取(　　　)。

　　A. 0.5 ~ 2　　　　B. 2.5 ~ 3.5　　　　C. 4 ~ 6.5　　　　D. 7 ~ 9.5

3. 在伺服系统中,通常采用负载角加速度(　　　)原则选择总传动比,以提高伺服系统的响应速度。

　　A. 最大　　　　B. 最小　　　　C. 相等　　　　D. 不确定

4. 滚珠丝杠副轴向间隙能实现定量调整的方法是(　　　)。

　　A. 双螺母螺纹调隙预紧　　　　　B. 双螺母齿差调隙预紧

　　C. 单螺母变位导程自预紧　　　　D. 双螺母垫片预紧调整

5. 导轨副运动件相对于承导件只有( )个自由度。

    A. 一   B. 二   C. 三   D. 四

三、问答题

1. 机械本体应在哪些方面改善其性能的满足机电系统的要求？

2. 传动链的级数和各级传动比的分配，有哪三个原则？

3. 齿轮副间隙的调整作用是什么？

4. 齿轮副间隙的调整方法有哪些？

5. 滚动丝杠螺母副的特点是什么？

6. 简要回答滚珠丝杠副公称直径的定义。

7. 简要回答滚珠丝杠副基本导程的定义。

8. 滚珠丝杠副轴向间隙调整和预紧的目的是什么？

9. 简要说明同步齿形带传动的特点。

10. 简要说明同步齿形带的组成。

11. 简要说明谐波齿轮传动的特点。

12. 简要说明谐波齿轮传动的组成。

13. 导轨副按运动性质可分为哪几类？

14. 什么是移置导轨？

15. 运动件沿导轨运动的准确性有哪些精度要求？

16. 简要说明双三角组合导轨副的特点。

17. 简要说明滚珠导轨副的特点。

18. 导轨接合面之间都存在间隙，磨损后间隙加大。间隙过小，增加运动阻力，加速导轨磨损；间隙过大，降低导向精度，容易产生振动。导轨间隙的调整方法有哪些？

19. 何时采用开式导轨，何时采用闭式导轨？

20. 为防止导轨爬行现象的出现，可同时采取哪些措施？

21. 导轨润滑的目的是什么？

22. 导轨润滑的方式有哪些？

23. 导轨防护的目的是什么？

24. 导轨防护的类型有哪些？

25. 丝杠螺母副的组成要素有哪些？

四、综合题

1. 现有一双螺母齿差调整预紧式滚珠丝杠，其基本导程 $l_0 = 3\text{mm}$ ，一端的齿轮齿数为 100，另一端的齿轮齿数为 98，当两端的外齿轮相对于内齿轮同时同方向旋转 5 个齿时，试问：两螺母之间相对移动了多大距离？

2. 已知某 4 级齿轮传动系统，各齿轮的转角误差为：

$\Delta\varphi_1 = 0.006\text{rad}$ ，$\Delta\varphi_2 = 0.004\text{rad}$ ，$\Delta\varphi_3 = 0.008\text{rad}$ ，$\Delta\varphi_4 = 0.007\text{rad}$ ，$\Delta\varphi_5 = 0.004\text{rad}$ ，$\Delta\varphi_6 = 0.006\text{rad}$ ，$\Delta\varphi_7 = 0.009\text{rad}$ ，$\Delta\varphi_8 = 0.006\text{rad}$ ，各级减速比相同，即 $i_1 = i_2 = i_3 = i_4 = 1.5$ 。

    求：(1) 该传动系统的最大转角误差 $\Delta\varphi_{\max}$ 。

        (2) 为缩小 $\Delta\varphi_{\max}$ ，应采取何种措施？

第4章 传感检测系统

- 了解传感器的概念，掌握机电一体化系统常用传感器的原理、特性和结构。
- 掌握传感器及其接口电路设计。
- 熟练运用基本的放大电路、电源电路、恒流源电路、恒压源电路等，以及DC 4～20mA信号变换电路。
- 掌握隔离的IO口的输入、输出电路设计方法，以及Pt100测温原理和电路。

4.1 传感器与检测技术基础知识

4.1.1 传感器的概念

传感器所感知、检测、转换和传递的信息多表现为不同形式的电信号。传感器输出电信号的参量形式可分为电压输出、电流输出和频率输出，其中以电压输出型为最多。在电流输出和频率输出型传感器中，除了少数直接利用其电流或频率输出信号外，大多数是分别配以电流－电压变换器或频率－电压变换器，从而将它们转换成电压输出型传感器。

传感器(Transducer/Sensor)的定义是：能感受到规定的被测量的信号并按照一定规律将感受到的信号转换成可用输出信号的器件或装置。

传感器包括敏感元件和转换元件。

(1) 敏感元件：感受并拾取被测对象的信号。

(2) 转换元件：将被测对象的信号转换成易于传输、检测和处理的电信号。

由于电信号在转换、处理、传输时较为方便，因此，传感器通常是指将非电量转换成电量的装置。如图4-1所示为传感器的组成框图，图中省略了电源。

图 4-1 传感器的组成

4.1.2 检测系统

检测系统是机电一体化系统的一个基本要素，其功能是对系统运行中所需的自身和外界环境的参数及状态进行检测，将其转换成系统可识别的电信号，并传递给信息处理系统。如果把机电一体化系统中的机械系统看作是人的手足，把信息处理系统看作是人的大脑，则检测系统好比是人的感觉器官。

根据被检测对象物理量特性的不同，检测系统可以分为如下几类。

(1) 运动学参数检测系统：主要完成位移、速度、加速度及振动的检测。

(2) 力学参数检测系统：主要检测拉压力、弯扭力矩及应力等。

(3) 图像检测系统：主要指利用摄像头及图像采集电路完成图像的输入。

(4) 其他物理量检测系统：如温度检测、湿度检测、酸碱度检测、光照强度及声音检测系统等。

根据检测信号时间特性的不同，检测系统又可分为模拟量检测系统和数字量检测系统。

(1) 模拟量检测系统：完成时间上连续、具有幅值意义的模拟信号的检测。

(2) 数字量检测系统：完成时间上不连续、没有幅值意义的信号的检测。

例如，在机电一体化系统中，速度检测可以采用编码器传感器；张力检测可以采用应变片、拉压力传感器；温度检测可以采用铂电阻 Pt100、热电偶或集成温度 AD590 传感器等；对于机电一体化系统中的位置检测，可以采用机械式行程开关、光电开关、霍尔元件传感器，也可以将其归类为数字量检测，因为只有 0 和 1 两个状态，这些数字量信号又被称为"开关量信号"。

4.1.3 传感与检测系统的基本特性

在满足检测系统基本功能要求的前提下，应以"技术上合理可行，经济上节约"为基本原则。

1. 理想的检测系统

比较理想的检测系统要求单值、线性和较高的动态响应特性。

(1) 单值：指一个输入只有一个输出，反之亦然，即一一对应关系。

(2) 线性：指输入、输出呈比例关系。当然，采用微处理器，可通过运算或查表等方式将非线性系统转换为线性系统，但仍希望传感器和检测系统的输入、输出呈线性关系。

(3) 较高的动态响应特性：指系统能否适应快速变化的测量信号。如果检测系统的动态响应特性不好，响应速度慢，则测量高频信号时，其输出响应会跟不上输入信号的变化，并将引起失真。

一个检测系统，对不同频率的输入信号的响应总有一定差别，在一定频率范围内保持这种差别最小是十分重要的。系统响应特性表现在以下两个方面。

(1) 将等幅值、不同频率的信号输入给检测系统，其输出信号的幅值不可能保持完全相等，总要有一定的变化。某一频率附近的输出幅值可能大于其他频率的幅值，对于检测系统，这种变化会产生一定的系统误差。

(2) 和系统的输入信号相比，输出信号在时间上总会有一些延迟，显然这种延迟时间越短越好。在选择或设计检测系统时，特别是被检测信号的频率较高，或要求能对被测量的变化做出快速反应，应该充分考虑检测系统的频率响应特性。

2. 灵敏度及分辨率

灵敏度 S 是检测系统的一个基本参数。当检测系统的输入 x 有一个微小的增量 Δx 时，将引起输出 y 发生相应变化 Δy，则

$$S = \frac{\Delta x}{\Delta y} \tag{4-1}$$

式中：S ——系统的绝对灵敏度。

例如，一个位移检测装置在检测到位移变化 1 mm 时，输出的电压变化为 30 mV，则其灵敏度为 30 mV / mm。

可以说，灵敏度就是传感器或检测装置的输出变化量和输入变化量之比。

分辨率是检测系统对被检测量敏感程度的另一种表示形式，它是指系统能检测到的被检测量的最小变化。例如，一个位移检测系统的分辨率为 0.2mm，是指当位移变化小于 0.2mm 时，不能保证系统的输出量在允许的误差范围内。一般情况下，系统的灵敏度越高，其分辨能力就越强，而分辨率高也意味着系统的灵敏度高。

原则上说，检测系统的灵敏度应尽可能高一些，高灵敏度意味着它能"感知"到被检测对象的微小变化。但是，具有高灵敏度或高分辨率的系统对信号中的噪声成分同样敏感，噪声也可能被系统的放大环节放大。如何达到既能检测到微小的被检测量的变化，又能使噪声被抑制到最小限度，是检测系统的主要技术目标之一。

高灵敏度或高分辨率的检测系统，其有效量程范围往往不是很宽，稳定性也不是很好，价格通常偏高。因此，在选择或设计检测系统时，应综合考虑上述各因素，合理确定检测系统的灵敏度、分辨率及性价比。

3. 精确度

精确度又被称为"准确度"，它表示检测系统所获得的检测结果与被测量真值的一致程度。精确度在一定程度上反映出检测系统各类误差的综合情况，精确度越高，表明检测结果中包含的系统自身误差和随机误差越少。

根据误差理论，一个检测系统的精确度取决于组成系统的各环节精确度的最小值。所以在选择或设计检测系统时，应该尽可能保持各环节具有相同或相近的精确度。如果某一环节的精确度太低，会影响整个系统的精确度。若不能保证各环节具有相同的精确度，应该按"前面环节的精确度高于后面环节"的原则布置系统。

选择或设计一个检测系统的精确度，应从检测系统的最终目的及经济情况等几方面综合考虑。例如，为了控制机械手精确进行某项作业，其机械手的各个位置及姿态检测就应达到较高的精确度。另外，精确度高的设备或部件，其价格通常也很高，为了获得最佳的系统性能价格比，也应适当、合理地选择或设计检测系统的精确度。

4. 稳定性

稳定性表示在规定的测试条件下，检测系统的特性随时间的推移而保持不变的能力。影响系统稳定性的因素主要有环境参数、组成系统元器件的特性等，如温度、湿度、振动情况、电源电压波动情况、元件温度变化系数等。

在被检测量不变的情况下，经过一定时间后，其输出量会发生变化，这种现象被称为"漂移"。如果输入量为零，这种漂移又被称为"零漂"。系统的漂移或零漂一般是由于系统本身对温度的变化敏感，以及元器件特性不稳定等因素引起的。显然这种漂移是人们所不希望的，选择或设计检测系统时应采取一定措施减小这种漂移。

5. 线性特性

检测系统的线性特性反映了系统的输入、输出能否像理想系统那样保持常值的比例关系。检测系统的线性特性可用系统的非线性度来表示。所谓"非线性度"，是指在有效量程范围内，测量值与由测量值拟合成的直线间的最大相对偏差。系统产生非线性度的因素主要是由于组成系统的元件存在非线性，或系统设计参数选择不合理，使某些环节或部件的工作状态进入非线性区。在选择或设计检测系统时，非线性度应该控制在一定的范围内。

6. 检测方式

检测系统在实际工作条件下的测量方式也是设计或选择系统时应考虑的因素之一，如接触式与非接触式检测、在线检测与非在线检测等。采用不同的检测方式，对系统的要求也有所不同。

对运动学参数量的检测，一般采用非接触式检测方式。接触检测不仅会对被检测量产生一定程度的不良影响，而且存在着许多难以解决的技术问题，如接触状态的变化、检测头的磨损等。对非运动参数量的检测，如非运动部件的受力检测、温度的检测等，可以或必须采用接触方式进行检测，接触式检测不但更容易获得信号，而且系统的造价也要低一些。

在线检测是在被检测系统处于正常工作情况下进行的检测，显然在线检测可以获得更真实的数据，在机电一体化系统中的检测多数为在线检测。在线检测必须在现场实时条件下进行，在选择或设计检测系统时应充分考虑系统的工作环境和一些不可控因素对被检测量的影响，以及对检测系统工作状态的影响等因素。

4.2 行程开关

在机电系统的自动控制系统中，限位、计数、测速、定位控制和自动保护环节所应用到的开关型传感器很多，如机械式的限位开关、干簧管和接近开关等。接近开关是一种理想的电子开关量传感器，其定位精度、操作频率、使用寿命、安装调整的方便性和对恶劣环境的适用能力，是一般机械式行程开关所不能相比的。

依据生产机械的移动距离发出控制指令，以控制其运行方向或移动距离长短的主令电器，被称为"行程开关"。若将行程开关安装于生产机械行程中的某一点处以限制其行程，则被称为"限位开关"或"位置开关"。机械行程开关实物图如图 4-2 所示。

图 4-2　机械行程开关实物图

4.2.1　行程开关的功能和作用

行程开关被广泛应用于各类机床中以控制其行程，也被广泛应用于建筑、港口、矿山等领域的起重、传输机械的空间三坐标的控制和限位上。

行程开关或接近开关的主要功能如下。

(1) 检测距离：可以用行程开关检测电梯、升降设备的停止、启动、通过位置；检测车辆的位置，进行防止两物体相撞检测；检测工作机械的设定位置，以及移动机器或部件的极限位置；检测回转体的停止位置，以及阀门的开或关位置；检测汽缸或液压缸内的活塞移动位置。

(2) 尺寸控制：用于金属板冲剪的尺寸控制装置；自动选择、鉴别金属件长度；检测自动装卸时堆物的高度；检测物品的长、宽、高和体积。

(3) 检测物体存在：检测生产包装线上有无产品包装箱；检测有无产品零件。

(4) 转速与速度控制：控制传送带的速度；控制旋转机械的转速；与各种脉冲发生器一起控制转速和转数。

(5) 计数及控制：检测生产线上流过的产品数；用于高速旋转轴或盘的转数计量；用于零部件计数。

(6) 检测异常：检测瓶盖有无；判断产品合格与不合格；检测包装盒内的金属制品缺乏与否；区分金属与非金属零件；检测产品有无标牌；用于起重机危险区报警；用于安全扶梯自动启停。

(7) 计量控制：用于产品或零件的自动计量；检测计量器、仪表的指针范围；检测浮标控制测面的高度、流量；检测不锈钢桶中的铁浮标；用于仪表量程上限或下限的控制；用于流量控制、水平面控制等。

4.2.2　行程开关的工作原理及接口电路

行程开关工作时，其触点动作不是靠手动来完成的，而是利用生产机械运动部件的碰撞使其触点动作来接通或者分断电路，从而限定机械运动的行程、位置或改变机械运动部件的运动方向或状态，以达到自动控制的目的。行程开关的作用是控制运动机构的行程，变换其运动方向或速度，亦可作为自动化系统或电力拖动装置的终端开关(例如，用作钢丝绳式电动葫芦做升降运动的限位保护，可直接分断主电路)。

如图 4-3 所示为行程开关的电路符号。其中，图 4-3(a)为常开触点的标准电路符号，图 4-3(b)为常闭触点的标准电路符号。

(a) 常开触点　　　　　(b) 常闭触点

图 4-3　行程开关的电路符号

如图 4-4 所示为行程开关通过光耦与 STM32MCU 引脚 PB0 相连的简单电路。通常工业现场所用电源为+24V，即 V_{DD}=+24V，而微处理器等单元所用电源为+5V 或+3.3V，即

V_{CC}=+3.3V。通过光耦隔离，一方面可以将微处理器单元的电源与现场的电源隔离开，提高抗干扰能力；另一方面也实现了电平转换，互不影响。

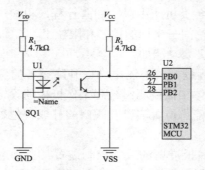

图 4-4   行程开关与 MCU 通过光耦接口的电路原理

工作过程是：当行程开关 SQ1 断开时，光耦 U1 的发光二极管无电流 I，为暗状态，光耦 U1 的光敏三极管截止，相当于对地开路，MCU 标号 U2 的引脚 PB0 通过上拉电阻 R_2 接 V_{CC}，因此为高电平，即 PB0=1。当行程开关 SQ1 接通时，光耦 U1 的发光二极管有电流 I，为亮状态，光耦 U1 的光敏三极管饱和导通，饱和压降仅为 0.3V，相当于接地，MCU 的引脚 PB0 通过光耦 U1 饱和的光敏三极管接地，因此为低电平，即 PB0=0。由上述可知，通过 MCU 的 PB0 引脚的高低电平，就可以判断行程开关 SQ1 的通断状态。

电路元器件参数如何选取，参见本章"检测变换基本电路"一节。

行程开关选用原则：根据被控电路的特点、要求以及生产现场条件，根据所需要的触点的数量、种类，根据电流、电压等级来确定其型号。

4.3   光电传感器

将光量转换为电量的器件，被称为"光电传感器"，其工作原理是基于光电效应。光电效应一般分为外光电效应、光电导效应和光生伏特效应。

4.3.1   光电管

根据外光电效应制成的光电管的类型很多，最典型的是真空光电管。也有充气光电管，但由于线性不好，在传感器中用得较少。真空光电管由一个阴极 K 和一个阳极 A 构成，被共同封装在一个真空玻璃泡内，阴极 K 和电源负极相接，阳极 A 通过负载电阻同电源正极相接，因此管内形成电场。如图 4-5(a)所示，当光照射阴极时，电子便从阴极逸出，在电场作用下被阳极收集，形成电流 I，该电流及负载 R_L 上的电压将随光照强弱而变化，从而实现了将光信号转换为电信号的目的；如图 4-5(b)所示为光电管通过光耦与微控制器 STM32 的引脚相连的电路图，原理说明见图 4-4 行程开关的说明。

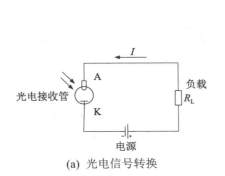

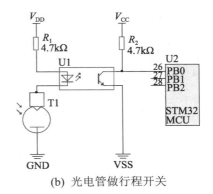

(a) 光电信号转换　　　　　　　　(b) 光电管做行程开关

图 4-5　光电管的简单应用电路

4.3.2　光敏电阻

光敏电阻是一种用光电导材料制成的没有极性的光电元件，也被称为"光导管"。

(1) 原理：基于半导体光电导效应工作。

(2) 特点：由于光敏电阻没有极性，工作时可加直流偏压或交流电压。当无光照时，光敏电阻的阻值(暗电阻)很大。

如图 4-6(a)所示为光敏电阻器件图；如图 4-6(b)所示为光敏电阻的简单应用电路，当有光照射时，光敏电阻的亮电阻很小，形成电流 I，该电流及负载 R_L 上的电压将随光照强弱而变化，从而实现了将光信号转换为电信号的目的。

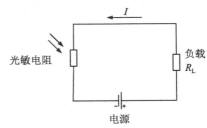

(a) 光敏电阻外形　　　　　　　　(b) 光敏电阻应用电路

图 4-6　光敏电阻和简单应用电路

4.3.3　光敏二极管

半导体光敏二极管与普通二极管相比，有许多共同之处。它们都有一个 PN 结，均属单向导电性的非线性元件。

光敏二极管一般在负偏压情况下使用，它的光照特性是线性的，所以也适合检测等方面的应用。光敏二极管在没有光照射时，反向电阻很大，反向电流(暗电流)很小(处于截止状态)。如图 4-7所示为光敏二极管的简单应用电路，注意光敏二极管在电路中的接法。

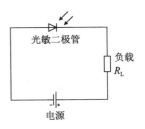

图 4-7　光敏二极管的
简单应用电路

4.3.4　光敏三极管

光敏三极管是一种相当于在基极和集电极之间接有光敏二极管的普通三极管，能实现光电转换，还能放大光电流，有 NPN 和 PNP 型之分。实际上，图 4-4 光耦 U1 中的接收管就是光敏三极管。

如图 4-8(a)所示为一种光敏三极管，也有的光敏三极管只有两个引脚。光敏二极管在没有光照射时，反向电阻很大，反向电流(暗电流)很小(处于截止状态)。如图 4-8(b)所示为光敏三极管的简单应用电路：利用光敏三极管实现一个继电器通断的电路。无光照时，三极管 T2 的基极通过 R_2 与上拉电阻接正电，为高电平，三极管 T2 饱和导通，继电器 K1 线圈得电，其常开触点闭合；有光照时，光敏三极管 T1 将三极管 T2 的基极电位拉低，为低电平，约为 0.3V，不足以使三极管 T2 导通，继电器 K1 失电，其常开触点保持常开状态。

(a) 光敏三极管

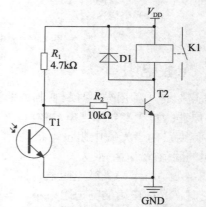

(b) 光敏三极管的简单应用电路

图 4-8　光敏三极管及简单应用电路

其他与光电相关的传感器还有硅光电池、光纤传感器等。

光电式传感器的应用可归纳为四种基本形式，即辐射式(直射式)、吸收式、遮光式、反射式。光电式传感器的优点是非接触，无触点，无机械结构，寿命长，基本免维护；缺点是易受外界光影响，由于非线性较大，通常在机电系统中作为开关元件使用。

4.4　电阻应变传感器

电阻应变传感器是利用电阻应变片将应变转换为电阻变化的传感器。

(1) 原理：当金属电阻丝受拉或受压时，电阻丝的长度和横截面积将发生变化，电阻丝的电阻率也将发生变化(这一现象被称为"压阻效应")，因此导线的电阻值发生变化。

(2) 结构：包括四个部分，即基片、电阻丝、覆盖层和引出线，如图 4-9 所示。

(3) 分类：金属丝式和半导体式。

(4) 应用：用于结构的应力和应变分析，用于制成力、位移、压力、力矩和加速度等测量传感器。

(5) 特点如下。

优点是：精度高，测量范围广，寿命长，结构简单，频响特性好，能在恶劣条件下工作，易于实现小型化、整体化和品种多样化等。

缺点是：大应变有较大的非线性，输出信号较弱，但可采取一定的补偿措施(通常采用应变电桥电路，可采用全桥和半桥；若采用半桥单臂，则需要温度补偿)。

　　称重传感器常采用如图 4-10 所示的悬臂梁。若采用应变片作为应力变换元件，可将应变片粘贴在悬臂梁的上下两个面。图 4-10 中，在悬臂梁的上方和下方各粘贴一个应变片，可组成如图 4-11 所示的半桥，当给悬臂梁施加如图 4-10 所示的力时，应变片 R_a 受力拉伸，应变片 R_d 受力压缩，由此产生的相应的应变将转化成电阻变化。力引起的电阻变化将转换为应变测量电桥的电压变化，通过测量输出电压的数值，再通过换算，即可得到所测量物体的重量。

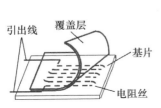

图 4-9　电阻应变传感器的结构

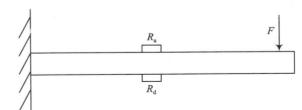

图 4-10　悬臂梁称重传感器示意图

　　检测应变电桥信号变化的电路较多，HX711 是一款专为高精度电子秤而设计的 24 位 A/D 转换器芯片，通道 A 模拟差分输入(引脚 7：INNA，引脚 8：INPA)可直接与桥式传感器的差分输出相接。

　　HX711 的引脚 6：V_{BG} 为参考电压输出引脚，给出参考电压值 1.265V。引脚 4：V_{FB} 为稳压电路控制输入引脚。稳压电源的输出电压值相对于模拟地(引脚 5：AGND)可由外部分压电阻 R_1、R_2 和芯片的输出参考电压 V_{BG} 决定。

$$V_{AVDD} = \frac{V_{BG}(R_1 + R_2)}{R_2} = 1.265 \times \frac{8200 + 20000}{8200} = 4.35(V) \tag{4-2}$$

　　此为应变电桥的供电电压。引脚 1：V_{SUP} 为稳压电源的输入引脚，输出电压比稳压电源的输入电压(V_{SUP})应至少低 100mV。

　　与微处理器 MCU 的接口简单，由串口通信时钟引脚 11：PD_SCK 和数据输出引脚 12：DOUT 组成，用来输出数据，选择输入通道和增益。

　　HX711 的其他引脚说明，引脚 13：XO，引脚 14：XI 为时钟引脚，采用内部时钟，可将引脚 14：XI 接地，引脚 13：XO 空置即可。引脚 15：RATE，输出数据速率控制，选低电平 0～10Hz，选高电平 1～80Hz。

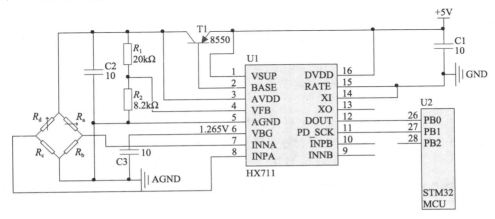

图 4-11　采用 HX711 的称重变换电路

管脚具体说明如表 4-1 所示。

表 4-1 HX711 管脚定义及功能说明

管脚号	符号	功能及意义	描述
1	VSUP	电源	稳压电路供电电源：2.6～5.5V
2	BASE	模拟输出	稳压电路控制输出(不用稳压电路时为无连接)
3	AVDD	电源	模拟电源：2.6～5.5V
4	VFB	模拟输入	稳压电路控制输入(不用稳压电路时应接地)
5	AGND	模拟地	模拟地
6	VBG	模拟输出	参考电压输出，1.265V
7	INNA	模拟输入	通道 A 负输入端
8	INPA	模拟输入	通道 A 正输入端
9	INNB	模拟输入	通道 B 负输入端
10	INPB	模拟输入	通道 B 正输入端
11	PD_SCK	数字输入	断电控制(高电平有效)和串口时钟输入
12	DOUT	数字输出	串口数据输出
13	XO	数字输入、输出	晶振输入(不用晶振时为无连接)
14	XI	数字输入	外部时钟或晶振输入，0：使用片内振荡器
15	RATE	数字输入	输出数据速率控制，0：10Hz；1：80Hz
16	DVDD	电源	数字电源：2.6～5.5V

4.5 电感传感器

电感传感器可用作磁敏速度开关、齿轮齿条测速等。

电感传感器被广泛应用于纺织、化纤、机床、机械、冶金、机车、汽车等行业的链轮齿速度检测，以及链输送带的速度和距离检测，在断线监测、厚度检测和位置控制中也有广泛应用。

电感传感器的优点如下。

(1) 结构简单，传感器无活动触点，因此工作可靠、寿命长。

(2) 灵敏度和分辨力高，能测出 $0.01\mu m$ 的位移变化。

(3) 线性度和重复性都比较好，在一定位移范围(几十微米至数毫米)内，传感器非线性误差可达 0.05%～0.1%。

如图 4-12 所示为螺旋管式电感位移传感器，可测量几微米至几毫米位移量的变化。衔铁 3 在线圈中伸入长度的变化将引起螺旋管线圈电感量的变化。当衔铁 3 偏离中间位置时，两个线圈 L_1、L_2 的电感量一个增加、一个减小，从而形成差动形式。对于长螺旋管，衔铁在螺旋管中部一定区域工作时，线圈电感量与衔铁移动的微小距离呈线性关系。

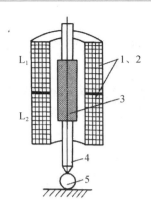

图 4-12　螺旋管式电感位移传感器

1、2—线圈　3—衔铁　4—测杆　5—被测件

差动式电感传感器对外界影响(如温度的变化、电源频率的变化等)基本上可以互相抵消，衔铁承受的电磁吸力也较小，从而减小了测量误差。

如图 4-13 所示为电感式滚柱直径分选装置。从振动料斗来的被测滚柱，经气缸活塞推杆推送到电感测微器的钨钢测头下方，不同的滚柱直径略有差别，从而引起衔铁在两线圈的位置不同，输出信号经相敏检波电路、电压放大电路，送往计算机进行 AD 转换，经运算驱动电磁铁动作，从而按滚柱直径的大小进行落料，以实行自动分选。

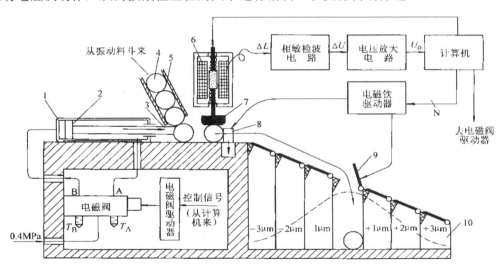

图 4-13　电感式滚柱直径分选装置

1—汽缸　2—活塞　3—推杆　4—被测滚柱　5—落料管　6—电感测微器　7—钨钢测头
8—限位挡板　9—电磁翻板　10—容器(料斗)

4.6　电容传感器

定义： 将被测非电量的变化转换为电容量变化的传感器，被称为"电容传感器"。

分类： 电容传感器可分为变极距型、变面积型和变介质型三种类型。

优点： 温度稳定性好，电容值与电极材料无关，自身发热极小；结构简单，适应性强，能在较恶劣的环境下可靠工作；动态响应好，可实现非接触测量。

缺点： 输出阻抗高，带负载能力差；电容器电容值小，在频率较低时容抗较大，带负载能力较差；寄生电容影响较大，当电容器与测量电路较远，需用电缆线连接时，导线与极板间的寄生电容较大，会造成测量误差。

应用： 电容传感器可用来测量直线位移、角位移，振动振幅(可测至 0.05μm 的微小振幅)，尤其适合测量高频振动振幅、精密轴系回转精度、加速度等机械量，还可用来测量压力、差压力、液位、料面、粮食中的水分含量、非金属材料的涂层、油膜厚度，以及测量电介质的湿度、密度、厚度等。在自动检测和控制系统中，也常常用电容传感器作为位置信号发生器。

当测量金属表面状况、距离尺寸、振动振幅时，往往采用单电极式变极距型电容传感器，这时被测物是电容器的一个电极，另一个电极则在传感器内。如图 4-14 所示为轴的回转精度和轴心动态偏摆测量，其中被测轴作为电容传感器的一个极板。

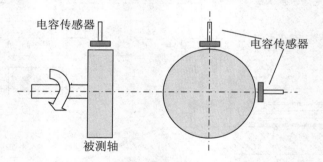

电容传感器

电容传感器

被测轴

图 4-14　轴的回转精度和轴心动态偏摆测量

4.7　磁电传感器

定义： 磁电传感器是对磁场参量(如磁感应强度 B、磁通 Φ)敏感、通过磁电作用将被检测量(如振动、位移、转速等)转换成电信号的器件或装置。

磁电传感器是利用导体和磁场发生相对运动而在导体两端输出感应电动势的原理进行工作的。磁电传感器又被称为"感应式传感器"或"电动式传感器"。它是一种机电能量转换型传感器，工作时不需要外加电源，可直接从被测物体吸取机械能量并将其转换为电信号输出。

特点： 电路简单，性能稳定，输出阻抗小，具有一定的频率响应范围(一般为 10～

1000Hz)，适合于转速、振动、位移和扭矩等测量。但是这种传感器的尺寸和重量都比较大。

磁电作用主要分为电磁感应和霍尔效应两种情况。

根据磁通可分为恒定磁通式和变磁通式。

应用：测量物体的速度、加速度或位移。

磁电传感器直接输出感应电动势，且传感器通常具有较高的灵敏度，不需要高增益放大器。磁电传感器是速度传感器，若要获取被测位移或加速度信号，则需要配用积分电路或微分电路。

4.8　磁敏传感器

4.8.1　霍尔元件

原理：霍尔元件属于磁敏传感器，基于霍尔效应工作，把磁学物理量转换成电信号，如图 4-15 所示。

霍尔元件产品特点：体积小，灵敏度高，响应速度快，温度性能好，精确度高，可靠性高。

应用：随着半导体技术的发展，被广泛用于自动控制、信息传递、电磁场、生物医学等方面的电磁、压力、加速度、振动测量，例如：无触点开关，汽车点火器，刹车电路，位置、转速检测与控制，安全报警装置，纺织控制系统。

如图 4-16 所示为制袋机带动切刀及烫排的主轴示意图。其中，主动轴上装有两个圆形轮，一个圆形轮的中心在主轴上，上面有霍尔元件传感器的感应磁铁；另一个为偏心凸轮，主要控制制袋机切刀的上下移动。磁铁的位置对应偏心凸轮，使切刀处于最高位。主动轴每旋转一周，切刀和烫排上下往复移动一次，当切刀和烫排处于最下方时，烫排完成将塑料制品烫封成袋，切刀将制好的袋进行裁切，即主动轴旋转一周完成一个制袋过程。当需要停车时，需要将烫排和切刀抬起，避免烫排与制袋材料长时间接触，同时烫排和切刀抬起也便于调整制袋材料。通过霍尔元件的开关信号，便可准确知道烫排与切刀的位置，从而控制停车时使烫排和切刀处于高位，从而实现高位停车。

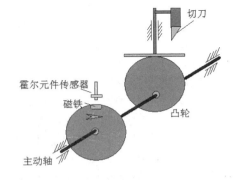

图 4-15　霍尔元件原理框图　　　　图 4-16　制袋机带动切刀及烫排的主轴示意图

如图 4-17 为霍尔元件传感器产品，外形尺寸有 M8、M12、M14 和 M18，检测距离为 10mm 左右，输出接口有常开和常闭两种，有三线和两线形式。采用 NPN 输出的常开型霍尔元件传感器通过光耦与 MCU 接口的电路原理如图 4-18 所示。

图 4-17　霍尔元件传感器产品

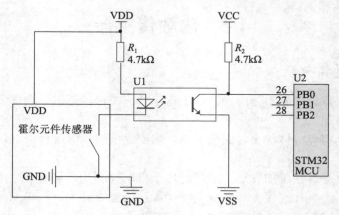

图 4-18　常开型霍尔元件传感器通过光耦与 MCU 接口的电路原理图

通常霍尔元件供电电压的范围较宽，一般为 10～30V，额定工作电流 ≤200mA，因此也可直接给继电器线圈供电。图 4-18 中电路的工作原理及电路参数设定，可参考图 4-4。

4.8.2　磁敏电阻、磁敏二极管和磁敏三极管

1. 磁敏电阻

磁阻效应：当载流导体被置于磁场中时，除了产生霍尔效应外，导体中的载流子因受洛伦兹力作用要发生偏转，载流子运动方向的偏转使电流路径发生变化，由此起到了增大电阻的作用，磁场越强，增大电阻的作用越强，这种电阻磁场而变化的现象被称为"磁致电阻变化效应"，简称为"磁阻效应"。

磁敏电阻与霍尔元件属同一类，都是磁电转换元件，不同的是本质上磁敏电阻没有判断极性的能力，只有与辅助材料(磁铁)并用才具有识别磁极的能力。

在外加磁场的作用下，某些载流子受到的洛伦兹力比霍尔电场的作用力大时，它的运动轨迹会偏向洛伦兹力的方向，这些载流子从一个电极流到另一个电极所通过的路径就要比无磁场时的路径长些，因此增加了电阻率。

应用：根据铁磁物体对地磁的扰动可检测车辆的存在，一般被用于自动开门、路况监测、停车场检测、车辆位置监测和红绿灯控制等。

2. 磁敏二极管、磁敏三极管

磁敏二极管、磁敏三极管是继霍尔元件和磁敏电阻之后迅速发展起来的新型磁电转换元件。

霍尔元件和磁敏电阻均是用 N 型半导体材料制成的体型元件。磁敏二极管和磁敏三极管是 PN 结型的磁电转换元件，它们具有输出信号大、灵敏度高(磁灵敏度比霍尔元件高数百倍甚至数千倍)、工作电流小、体积小、电路简单，以及能识别磁场的极性等特点，比较适合磁场、转速、探伤等方面的检测和控制。

4.9　光栅传感器

按原理和用途，光栅传感器可分为物理光栅和计量光栅。

(1) 物理光栅：刻线细密，利用光的衍射现象，主要被用于光谱分析和光波长等物理量的测量。

(2) 计量光栅：主要利用莫尔现象实现长度、角度、速度、加速度、振动等几何量的测量。

按应用类型，光栅传感器可分为长光栅和圆光栅。

由于光栅传感器的测量精度高、动态测量范围广，可进行无接触测量，易实现系统的自动化和数字化，因而在机械工业中得到了广泛的应用。

光栅传感器通常作为测量元件应用于机床定位、长度和角度的计量仪器中，并用于测量速度、加速度和振动等。

如图 4-19 所示为透射式光栅结构示意图。图中，刻线玻璃为定光栅，栅格为动光栅。红外光源给出平行光，将动光栅与定光栅所形成的莫尔条纹照射在光敏二极管接收器上，从而给出位移。

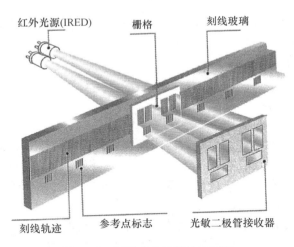

图 4-19　透射式光栅结构示意图

4.10　光电编码器

编码器又称脉冲发生器，有绝对式编码器和增量式编码器两类。光电编码器由光源、码盘和光电元件三部分组成。码盘上刻有许多径向窄缝，当码盘转动时，将光源发出的光变成光脉冲，并由光电元件接收。光脉冲频率与轴转速成正比。

4.10.1　绝对式编码器

绝对式编码器是通过读取码盘上的图案信息将被测转角直接转换成相应代码的检测元件。码盘有光电式、接触式和电磁式三种。

光电式码盘是目前应用较多的一种，它是在透明材料的圆盘上精确地印制上二进制编码。如图 4-20 所示为四位二进制的码盘，码盘上各圈圆环分别代表一位二进制的数字码道，在同一个码道上印制黑白等间隔图案，形成一套编码。该套编码有顺序编码和循环编码。

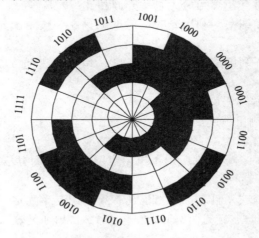

图 4-20　四位二进制的码盘

绝对式编码器的规格与码盘的码道数 n 有关，一般为 4 道到 18 道，选择时可根据伺服系统要求的分辨率和机械传动系统的参数进行考虑。

分辨率：用位数 n 或角度来表示，$\alpha = \dfrac{360°}{2^n}$。

4.10.2　增量式编码器

增量式编码器又称脉冲式编码器，输出是一系列脉冲，需要附加数字电路才能得到数字编码。

特点：结构简单，精度高，分辨率高，可靠性好，脉冲数字输出，测量范围无限；速度不高(最高几千转/分)，怕振动丢数。

应用：相对位置测量(角度、直线位置)，位移、速度测量。

增量式编码器通常有三路脉冲输出，被称为"A 相""B 相"和"Z 相"。一般 Z 相脉冲被用来测量转速，A 相和 B 相脉冲被用来判别旋转轴的旋转方向。

一般来说，伺服电动机都带有编码器信号输出。例如，松下伺服电动机 MINAS A5 系列，采用绝对式编码器的为 17 位，达到 131072 的分辨率；采用增量式编码器的为 20 位，达到 1048576 的分辨率。

4.11　旋转变压器

测量角度的传感器有可变电阻器、光电旋转编码器、陀螺仪和旋转变压器等。

旋转变压器是一种电磁式传感器，又被称为"同步分解器"。它是一种小型交流电动机，用来测量旋转物体的转轴角位移和角速度，由定子和转子组成。其中，定子绕组作为变压器的原边，接受励磁电压，励磁频率通常有 400Hz、3000Hz 及 5000Hz 等；转子绕组作为变压器的副边，通过电磁耦合得到感应电压。旋转变压器是自动控制装置中的一类精密电机。

旋转变压器的输出电压与转子转角呈一定的函数关系，因此旋转变压器可以用于精密测位。

旋转变压器在伺服系统、数据传输系统和随动系统中也得到了广泛的应用。

4.12　检测变换基本电路

4.12.1　发光二极管基本电路

发光二极管为电流型器件，可被用作光电接收器件的光源，如可采用如图 4-21 所示的槽型对射光电开关进行转速的测量。

给槽型对射光电开关中的发光二极管供电或给普通发光二极管(LED)供电，主要从发光管的发光亮度考虑。对于发光二极管，多大的电流才能得到比较合适的亮度，可以查看 LED 器件手册，通常提供 2～30mA 的电流，亮度较合适，或者再大一些的电流也可以。可根据供电电压的不同选择限流电阻，简单计算取供电电流为 10mA。

一般来说，单片机使用的电源电压为 +5V 或 +3.3V，仪器仪表多为 +24V。如图 4-22 所示的发光二极管基本电路所加电源为 +5V，下面说明限流电阻取值的计算方法。

图 4-21　槽型对射光电开关

图 4-22　发光二极管基本电路

通常，发光二极管的压降为 1.1～2.3V，近似计算取 2V (注意与普通的硅二极管压降

0.6V 的区别)。由此，加载限流电阻上的压降为 $V_{CC} - 2(V)$。

可计算出

$$R_1 = \frac{V_{CC} - 2}{10} = \frac{5 - 2}{0.01} = 300(\Omega)$$

发光二极管也可直接接单片机的引脚，如图 4-23 所示，利用 STM32 微处理器 PB0 引脚的高低电平使发光二极管暗或亮。当 PB0=0 时，D1 亮；当 PB0=1 时，D1 暗。这样处理的优点是线路简单，但若连接多个发光二极管，CPU 的功耗会变大，导致 CPU 发热，因此通常将发光二极管与缓冲芯片相接后，再与 CPU 相连。

发光二极管在信号指示或电源指示领域用得较多。

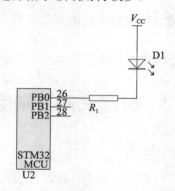

图 4-23　发光二极管与单片机引脚直接相接

4.12.2　电压跟随电路

电压跟随电路(或电压跟随器)看起来其输出等于输入，似乎没有什么作用，但其实在信号传输中很有用，主要是被用于阻抗变换。为了便于说明问题，拟采用工业上常用的传输信号 DC 4～20mA 来说明电压跟随器的作用。

尽管目前有许多其他类型的信号传输形式，如网络等信号传输形式，但 DC 4～20mA 仍然得到广泛的应用。DC 4～20mA 的特点表现在如下方面。

(1) 两线制，较三线制、四线制节省材料，接线简单。

(2) DC 4mA 作为零点，可以检查是否断线；采用 DC 4～20mA，信号较 DC 0～10mA 大；另外，最低 4mA 电流可作为二线制设备的供电电源。

(3) 电流信号传输较电压信号传输本身抗干扰能力强。

(4) 现场可用万用表(电流表)检测信号的大小，效果直观。

例如，如图 4-24 所示为 DC 4～20mA 电流电压变换电路。若采用取样电阻 R_1，可将电流信号变换为电压信号，供后续电路或仪表使用。若后续电路或仪表的输入阻值不是很大，则势必影响采样电压的数值。为此可用电压跟随器实现阻抗变换以避免影响前级电路的信号，且有较大的带负载能力。

运算放大器(简称"运放")的特点很多，但若能记住下面的三个主要特点，则许多关于运放的电路问题便容易求解。

(1) 运算放大器的同相输入端和反相输入端的输入阻抗很高，即输入电阻 $r_i > 10^6 \Omega$(很大)，简记"输入阻抗无穷大"，即虚断：理想运放两输入端无电流，好似断开但不是实际的断开，被称为"虚断开"或"虚断"。

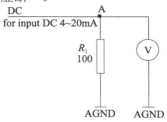

图 4-24　DC 4～20mA 电流电压变换电路

(2) 运算放大器放大电路的同相输入端和反相输入端的电压相等。运算放大器放大电路的主要作用就是将同相端和反相端的电压调整为一致，这个调整过程是在一瞬间完成的，即虚短：理想运放两输入端电位相等，好似短接但不是实际的短接，被称为"虚短接"或"虚短"。

(3) 运算放大器的输出电阻 $r_0 \leqslant 100\Omega$(很小)，简记"输出阻抗无穷小"。

总结一下，运算放大器的 3 个主要特点如下。

(1) 输入阻抗无穷大：即输入阻抗很高，不吸电流。

(2) 输出阻抗无穷小：即输出阻抗很小，带负载能力强。

(3) $V_+ = V_-$。

记住这 3 个特点，就会在分析一般的放大电路中得心应手。

总体来说，将运算放大器作为电压跟随器的主要作用是实现阻抗变换：输入阻抗很大，不会影响前级电路的信号；输出阻抗很小，会有较大的带负载能力。

如图 4-25(b)所示是采用低温漂 OP07 运算放大器(图 4-25(a))所做的电压跟随器。根据运算放大器的特性：$V_+ = V_-$，即引脚 2 的电压 $V_- = V_+ = V_{in}$，因此输出端电压 $V_{out} = V_{in}$，即输出端 B 电压=输入端 A 电压，可将此电路称为"电压跟随器"。

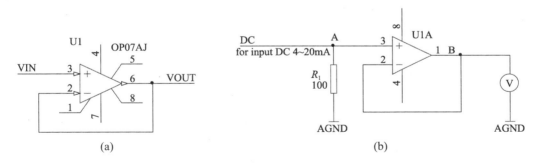

图 4-25　电压跟随器

图 4-25(b)的 DC 4～20mA 电流电压变换电路，因后续测量仪表接在运算放大器的输出端，对测量仪表的输入电阻基本就没有要求了。通常测量仪表的信号输入端采用电压跟随器的输入电路。

4.12.3 同相放大器

同相放大器既具有信号放大的作用，又具有输入阻抗无穷大的特点。如图 4-26 所示，根据运算放大器的特性：$V_+ = V_-$，则引脚 2 的电压等于 V_{in}。

由于运算放大器的输入阻抗很大，引脚 2 无电流流入，所以流过 R_F 反馈电阻的电流和流过 R_1 的电流相等，由此可以得到

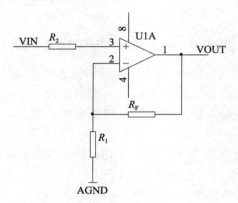

图 4-26　同相放大器

$$\frac{V_{out} - V_{in}}{R_F} = \frac{V_{in} - 0}{R_1} \tag{4-3}$$

则可得

$$V_{out} = \left(1 + \frac{R_F}{R_1}\right) V_{in} \tag{4-4}$$

考虑运算放大器输入引脚的平衡，可取 $R_2 = \dfrac{R_1}{R_F}$。

一般选取 $R_F = 10\text{k} \sim 100\text{k}\Omega$。

可以看出，采用了运算放大器的 3 个特点，分析同相放大电路是很容易的。

4.12.4 反相放大器

反相放大器的电路如图 4-27 所示，根据运算放大器的特性：输入阻抗无穷大，同相端引脚 3 无电流输入，因此，$V_+ = 0$。由于 $V_+ = V_-$，所以引脚 2 电压 V_- 等于 0。

同样，反相端引脚 2 无电流输入，即无电流流向运算放大器的反相端，所以流过 R_F 反馈电阻的电流和流过 R_1 的电流相等，由此可以得到

$$\frac{V_{out} - 0}{R_F} = \frac{0 - V_{in}}{R_1}$$

则可得

$$V_{out} = -\frac{R_F}{R_1} V_{in} \tag{4-5}$$

考虑运算放大器输入引脚阻抗的平衡，可取 $R_2 = \dfrac{R_1}{R_F}$，即取 R_2 的值为 R_1 和 R_F 的并联。

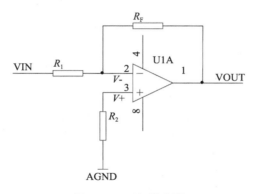

图 4-27　反相放大器

通常可取 R_1、R_F 的值为 10k~300kΩ。

采用反相放大，尽管运算放大器的输入阻抗很大，但对信号源来说，其输入阻抗却不是无穷大，其输入电阻将受 R_1、R_F 的影响。因此，若需要较大的输入阻抗，采用反相放大不一定满足要求。

4.12.5　差动放大电路

应变电桥电路在螺栓应力应变测量、简支梁的力学实验及轴的扭矩测量中应用非常广泛。利用电桥电路给出的测量信号，可采用差动放大电路进行信号放大。

差动放大电路如图 4-28 所示，R_F 为反馈电阻。输出与输入之间的关系，即

$$V_0 = f(V_1,\ V_2)$$

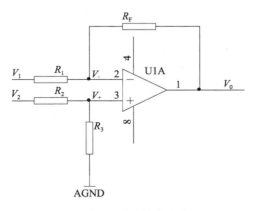

图 4-28　差动放大电路

看起来，差动放大电路的分析较同相放大电路和反相放大电路的分析困难些。如何着手？其思路是：将电路中能定下来的电压或电流值标上，如运算放大器的引脚 3 即同相端的电压 V_+ 为

$$V_+ = \frac{V_2}{R_2 + R_3} R_3 \tag{4-6}$$

引脚 2 反相端的电压 V_- 应与之相等，为

$$V_- = V_+ = \frac{V_2}{R_2 + R_3} R_3 \tag{4-7}$$

由于运算放大器的输入阻抗很大，可以认为输入端不吸电流，流过 R_1、R_F 的电流一致，则有

$$\frac{V_1 - V_-}{R_1} = \frac{V_- - V_0}{R_F} \tag{4-8}$$

将式(4-8)进行变换，则有

$$V_0 = \frac{R_F}{R_1}(V_2 - V_1) \tag{4-9}$$

一般为了平衡，应使

$$\frac{R_F}{R_1} = \frac{R_3}{R_2}$$

若选取 $R_F = R_1 = R_3 = R_2$，则

$$V_0 = V_2 - V_1 \tag{4-10}$$

即差动放大电路的输出电压为同相端的电压和反相端的电压之差，差动放大电路为减法电路。

4.13 仪器仪表放大器

采用图 4-28 的差动放大电路，可以将应变片电桥电路的输出信号放大，但是从 V1 和 V2 两端看，输入阻抗不是无穷大，即传感器信号经 R_1 到 R_F，R_2 到 R_3 会有很微小的电流流过，从而影响测量的精度。为了解决输入阻抗不是无穷大的问题，拟采用仪器仪表放大电路。

如图 4-29 所示为 AD623 仪表放大器内部原理图，由三运放组成。可以看出，传感器的负端信号 Vinn 接在芯片的第 2 脚上，传感器的正端信号 Vinp 接在芯片的第 3 脚上，均为运算放大器的同相端，输入阻抗可认为是无穷大，对传感器信号的影响非常小。

AD623 是一种在三运放仪表放大电路的基础上经过改进的仪表放大电路，以保证单电源或双电源工作，甚至能在共模电压或者低于负电源电压的条件下工作(或单电源工作时，低于接地电位)。

AD623 使用单个增益设置电阻进行增益编程，以得到更好的灵活性；符合 8 引脚的工业标准配置。在无外接电阻的条件下，AD623 被设置为单增益(G=1)；在外接电阻后，AD623 可编程设置增益，增益最高可达 1000 倍。

AD623 的应用：低功耗医疗仪器，传感器接口，热电偶放大器，机电系统及工业过程控制，差分放大器，低功耗数据采集。

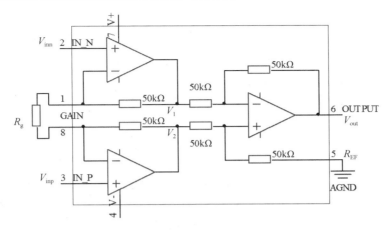

图 4-29 AD623 仪表放大器内部原理图

输入输出之间的关系，说明如下。

根据运算放大器的特点，引脚 1 的电位与引脚 2 的电位相等，即 V_{inn}；引脚 8 的电位与引脚 3 的电位相等，即 V_{inp}。对图 4-29 来说，与引脚 6 相连的运算放大器接的是差动放大电路，参见图 4-28，其引脚 6 的输出为

$$V_{out} = V_2 - V_1 \tag{4-11}$$

由于运算放大器的输入阻抗很大，不吸电流，因此从 V_1 点经 50kΩ 电阻至引脚 1，经增益电阻 R_g 至引脚 8，然后经下一个 50kΩ 电阻到 V_2 点的电流是一样的。可得

$$\frac{V_1 - V_{inn}}{50} = \frac{V_{inn} - V_{inp}}{R_g} = \frac{V_{inp} - V_2}{50} \tag{4-12}$$

根据式(4-12)可得

$$-V_1 = \frac{50(V_{inp} - V_{inn})}{R_s} - V_{inn} \tag{4-13}$$

$$V_2 = \frac{50(V_{inp} - V_{inn})}{R_g} + V_{inp} \tag{4-14}$$

将式(4-13)和式(4-14)代入式(4-11)中，可得

$$V_{out} = \left(1 + 2 \times \frac{50}{R_g}\right)(V_{inp} - V_{inn}) \tag{4-15}$$

式中：R_g——增益电阻，kΩ。

可以根据输入信号的大小，改变 R_g 的阻值，获得不同的增益，从而得到所需要的输出电压值。

4.14 恒压恒流电路

4.14.1 恒压恒流电路的应用

机电控制系统需要稳定地进行供电，如单片机、嵌入式系统，这就常常需要把交流电变换成所需要的直流电。

在精密测量系统中，如智能化仪器仪表，还常常需要恒压源及恒流源进行供电。

例如，电阻应变电桥可以采用恒压供电或恒流供电；Pt100 铂电阻常常采用恒流供电；电池充电设备也常采用恒流方式。

AD 采样的基准电源精度及稳定性都要求很高，需要用专门的芯片产生一个电压基准，以获得高精度的分析结果。

恒压电路：利用稳压管及运放的基本恒压电路。

稳压二极管(又被称为"齐纳二极管")是一种由硅材料制成的面接触型晶体二极管，简称"稳压管"。稳压二极管是一种直到临界反向击穿电压前都具有很高电阻的半导体器件。稳压二极管在反向击穿时，在一定的电流范围内(或者说在一定功率损耗范围内)，端电压几乎不变，表现出稳压特性，因而广泛应用于稳压电源与限幅电路之中。稳压二极管是根据击穿电压来分档的，因为这种特性，稳压二极管主要被作为稳压器或电压基准元件使用。稳压二极管可以串联起来以便在较高的电压上使用，通过串联可以获得更多的稳定电压。

当把稳压二极管接入电路以后，如图 4-30 所示，若电源电压发生波动，或因其他原因造成电路中各点电压变动，稳压二极管 D1 两端的电压将基本保持不变，即 A 点的电压将保持不变，从而使所带负载上的电压保持不变。

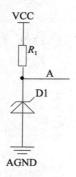

图 4-30　采用稳压二极管的简单稳压电路

由于稳压二极管的温度系数较大，采用稳压二极管作为稳压基准不太合适，通常采用集成稳压器件作为稳压基准。较常用的集成稳压基准芯片型号为 TL431。

4.14.2　TL431 可控精密稳压源

采用一般的稳压二极管的恒压电路，其成本较低，但性能不一定能满足要求，主要是一般的稳压二极管温度漂移较大，此时可采用集成稳压器件，性价比较高的是 TL431。

TL431 是可控精密稳压源。它的输出电压用两个电阻就可以任意设置到从 V_{ref}(2.5V)到 36V 范围内的任何值。该器件的典型动态阻抗为 0.2Ω，在很多应用中用它代替稳压二极管，形成比较精密、稳定的电压基准，如数字电压表、运放电路、可调压电源、开关电源等。

根据 TL431 的特点，可以知道其在 $1\sim100\text{mA}$ 之间均能达到稳压输出，但最好不用取最低的 1mA，经试验取 4～10mA 较合适，即流过 TL431 的电流在 4mA 以上较好。

只要知道负载电流大小，再加上 6～10mA 的电流，就可以取得一个稳定的 2.5V 电压基准(如图 4-31 所示为 TL431-2.5V 电压基准原理图)。

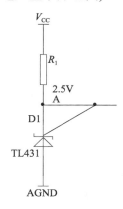

图 4-31　TL431-2.5V 电压基准原理图

设负载电流为 20mA，TL431 基本电流为 10mA，则在 12V 供电电源的基础上，可求得

$$R_1 = \frac{V_{CC} - 2.5}{I} = \frac{12 - 2.5}{0.02 + 0.01} \approx 316(\Omega) \tag{4-16}$$

取 $R_1 = 300\Omega$。当负载需要 20mA 的电流时，流过 TL431 的电流大约是 10mA；当负载需要 4mA 的电流时，流过 TL431 的电流大约是 26mA。也就是说，在工作的过程中，TL431 的电流是动态变化的。

虽然该电压基准电路的参数已经设计完毕，但还有一项值得注意，即 R_1 电阻的功率应满足条件，这也是容易忽视的问题。

若供电电源等于 12V，则加在 R_1 电阻上的电压 $V = 12 - 2.5 = 9.5(V)$，可计算其最大功率为

$$P = \frac{(V_{CC} - 2.5)^2}{R_1} = \frac{(12 - 2.5)^2}{300} \approx 0.3(W)$$

因此，若选用常用的 0.25W 电阻，则不能满足要求，运行时会发热，需选用 0.5W 以上的限流电阻。

根据 TL431 手册中的参考电路图，可以绘制 TL431-5V 的参考电压电路，如图 4-32 所示。R_2 和 R_3 的选择，设 A 点电压为 V_A，则

$$V_A = \frac{2.5}{R_3}(R_2 + R_3) \tag{4-17}$$

此时只要取

$$R_2 = R_3$$

取多少阻值呢？以流过 1mA 左右的电流较合适，因此可取

$$R_2 = R_3 = 2.2k \sim 3k\Omega$$

读者可根据负载电流要求，计算 R_1 的阻值。

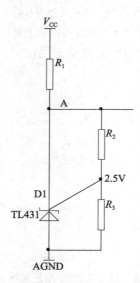

图 4-32　TL431-5V 电压基准电路原理图

4.14.3　恒流电路

恒流源电路可用在桥式电路供电、铂电阻恒流供电中，也是测量中常用的电路单元之一。

如图 4-33 所示为采用 TL431 和运算放大器设计的恒流电路，原理如下：TL431 本身的压降为 2.5V，设 $V_{CC}=24V$，则 U1A(OP07) 的引脚 3 的电压（即 B 点的电压）为 $24-2.5=21.5(V)$。根据运算放大器的特点，C 点的电压也为 21.5V，这样加载 R_2 电阻的电压总是等于 TL431 的电压压降，即 2.5V，不会因为输出端负载的变化而变化。为此，可根据输出的恒流值计算出电阻 R_2 的阻值。

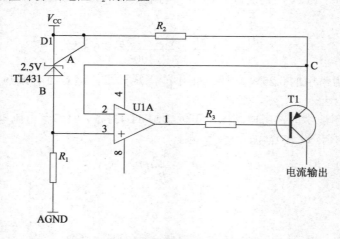

图 4-33　采用 TL431 与运放的恒流电路

设输出恒流值为 20mA 的电流，则 R_2 的阻值为

$$R_2 = \frac{2.5}{0.02} = 125(\Omega)$$

　　实际上，输出端的电流不一定完全是 20mA，因为有一小部分流向三极管的基极，不过很微小，可以忽略。可以在实际电路中，将 R_2 换成精密电位器，其温度稳定系数要好。调整该电位器的阻值大小，就可以获得不同的电流输出值，如图 4-34 所示。

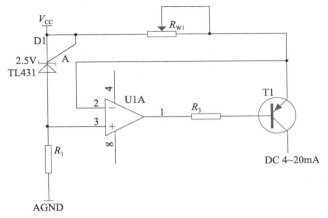

图 4-34　利用电位器 R_{W1} 调整恒流输出

　　也可以把图 4-33 和图 4-34 中的三极管换成场效应晶体管，以减少三极管基极电流的影响。

4.15　DC 4～20mA 电路

　　DC 4～20mA 信号在工业中应用很广，如可用 DC 4～20mA 信号驱动变频器，实现电机调速。通过调整图 4-34 中的电位器 R_{W1}，可实现 DC 4～20mA 所需要的恒流输出。

　　输出 DC 4～20mA：电位器 R_{W1} 的阻值范围为 625～125Ω。

　　一般来说输出的 DC 4～20mA 要有一定的带载能力，因此 V_{CC} 不能太小，通常可取 $V_{CC} = 24V$，这样

$$R_{W1} = \frac{2.5}{0.004} = 625(\Omega)$$

$$R_{W1} = \frac{2.5}{0.02} = 125(\Omega)$$

　　图 4-34 中为手动调节电位器的阻值变化，以改变恒流输出的大小。若用微处理器控制自动恒流输出调整，还需要对电路做些改进。

4.15.1　非共地的可控 DC 4～20mA 电路

　　如图 4-35 所示为非共地的可控 DC 4～20mA 电路。非共地，说明负载 R_L 没有接地端，此电路也可以说是共正。

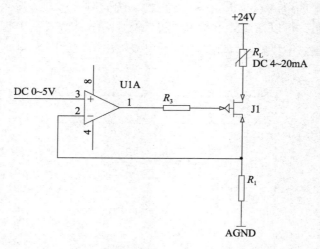

图 4-35　非共地的可控 DC 4~20mA 电路

图 4-35 中，运算放大器引脚 3 的 V_+ 电压由单片机控制送入 DC 0~5V 的信号，则运算放大器引脚 2 的电压也为 DC 0~5V，此电压即被加在 R_1 取样电阻上，则流过 R_1 的电流仅与控制信号 DC 0~5V 有关。由于运算放大器的输入阻抗无穷大，此电流就是经过负载 R_L 电阻上的电流，因此无论 R_L 电阻是否变化(在允许变化范围内)，电流不变。

为此，令 $R_1 = 200\Omega$，则 DC 为 0~5V，负载电流 I 有 0~25mA 的变化范围。

优点：电路简单，输出电流的大小可控。

缺点：负载非共地。

4.15.2　共地可控 DC 4~20mA 电路

如图 4-36 所示为共地可控 DC 4~20mA 变换电路。设 DC 0~5V 为微处理器送出的电压模拟量信号，电路中的运放选用了 LM358 运算放大器，该运放可单电源供电，较为方便。运算放大器的同相端和反相端分别接 4 个同样的 100kΩ 电阻。

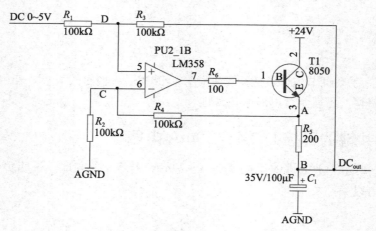

图 4-36　共地可控 DC 4~20mA 电路

根据运算放大器的特点，设电路中 A 点的电压为 V_A，可求出同相端和反相端的电压值为

$$V_- = \frac{V_A}{R_2 + R_4} R_2 = \frac{V_A}{2} = V_+ \tag{4-18}$$

根据反馈支路，设 DC$_{out}$ 处(即 B 点)的输出电压为 V_0，与输入电压 DC $0\sim5$V(用 V_{in} 来表示)的关系式为

$$\frac{V_0 - \frac{V_A}{2}}{R_3} = \frac{\frac{V_A}{2} - V_{in}}{R_1} \tag{4-19}$$

由此可得

$$V_0 = V_A - V_{in} \tag{4-20}$$

流过 R_5 取样电阻上的电流就是输出的恒流值，其大小为

$$I = \frac{V_A - V_0}{R_5} = \frac{V_{in}}{R_5} \tag{4-21}$$

给定 $V_{in} =$ DC $0\sim5$V，取 $R_5 = 200\Omega$。则可知，输出电流的变化范围为 DC $0\sim25$mA。

值得说明的是，输出电流可能受到 R_1、R_3 支路和 R_2、R_4 支路上电流的影响，但由于 $R_1\sim R_4$ 的电阻值与取样电阻 R_5 的电阻值相差很大，可以忽略不计。

4.16　电　源　电　路

4.16.1　三端稳压电路

任何电路都离不开电源部分，例如机电系统中含有电子测量及控制部分需要稳定的电源供电才能正常工作，同样单片机系统和嵌入式系统也不例外。电源部分虽然简单(有的也复杂)，但不能因此而忽略，其实有将近一半的故障或制作失败都和电源有关，电源部分做好才能保证电路的正常工作。

即使有现成的电源，可能参数仍不能满足要求，如购买的是 12V 电源或 24V 电源，而单片机是 5V 或 3.3V，这就要进行电压变换。

较常用的线性稳压电源芯片是 78 系列芯片。

78 系列三端稳压芯片的特点如下。

(1) 输出电流 1A 以上。

(2) 内置过热保护电路。

(3) 无须外部元件或仅需几个电容。

(4) 输出晶体管安全范围保护。

(5) 内置短路电流限制电路。

型号不同，输出电压也不同。例如，LM7805 线性稳压器件输出 5V 电压，LM7824 输出 24V 电压。如图 4-37(a)所示为 LM7805 线性稳压器件的封装图，如图 4-37(b)所示为其应用电路。

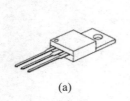

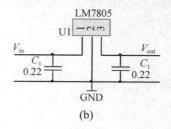

(a)   (b)

图 4-37　LM7805 线性稳压器件及应用电路

　　LM7805 说明书中给出了输入、输出压差的典型值为 2V。实际上，要想得到稳定的电压输出，输入电压 V_{in} 要高于输出电压 V_{out} 4V 以上，但输入电压过高，会使 LM7805 的芯片耗散，功率上升。因此，在能满足条件的情况下，选择低的输入电压，可以有效地减少芯片的功耗。例如，采用 LM7805 芯片，其输出电压 $V_{out}=5V$，其输入电压 $V_{in}=9\sim12V$，较合适。若负载供电电流需要 1A(最大电流可输出 1.5A)，则采用 12V 的输入电压，LM7805 的功率为 $(12V-5V)\times1A=7W$，功率已经很大了，若采用 24V 的输入电压，LM7805 的功率为 $(24V-5V)\times1A=19W$，与 20W 的电烙铁差不多，其发热程度可想而知。因此，采用 LM7805 线性稳压器件所带的负载用电不应很大，电流应在 500mA 以下较合适，必要时还可在 LM7805 的芯片上加上散热器。若输入、输出压差较大，例如，工业常用 24V 电源供电，将 24V 变到 5V 电压输出，可利用 LM2575 系列开关稳压集成电路来设计电源电路。

4.16.2　LM2575 开关稳压电路

　　LM2575 系列开关稳压芯片的内部集成了一个固定的振荡器，只需极少的外围器件，便可构成一种高效的稳压电路。由于是开关型，LM2575 系列在大多数情况下不需要散热片；内部有完善的保护电路，包括电流限制及热关断电路等。

　　LM2575 系列的主要参数如下。

　　(1) 最大输出电流：1A。

　　(2) 最大输入电压：LM1575/LM2575 为 45V；LM2575HV 为 63V。

　　(3) 输出电压：3.3V、5V、12V、ADJ(可调)。

　　(4) 振荡频率：54kHz。

　　与线性稳压器件相比，开关稳压集成电路的内部集成了一个固定的振荡器。说得简单些，开关稳压集成电路首先将输入的直流电压通过变换电路转换为高频的脉动电压，由于频率很高，可以使用的变压器或电感很小，然后将脉动电压通过电感电容滤波电路滤波，输出相应的直流电压。由于内部功率器件工作在开关状态，要么完全截止、无电流，要么完全导通、压降很小，这两种情况的功耗都很小。因此，开关稳压集成电路的效率很高，几乎不用加散热片。

　　图 4-38(a)中为 LM2575 开关稳压集成电路的贴片封装，名称为"D2PAK 封装"；图 4-38(b)为其电路原理：输入电压为 +24V，采用 IN4004 二极管将电压引入 LM2575 的输入引脚 1(V_{in})，加入二极管的目的是防止电源接反，以起到保护作用；两电容 OC1 和

OC2 起滤波作用；LM2575 的引脚 2 为电压输出端，经电感 OL1 和电容 OC3 组成的滤波电路，输出+5V 电压；LM2575 的引脚 4 为反馈端，从输出的 +5V 电压获取电压信号，当输出电压升高或降低时，LM2575 根据反馈回来的电压信号，经内部电路调整其输出电压，使输出电压稳定地输出在规定值上；LM2575 的引脚 3 为接地端，引脚 5 为控制输入端(接地，稳压电路工作；接高电平时，稳压电路停止，可以起到降低功耗的作用，或处于待机状态)，通常可接地。

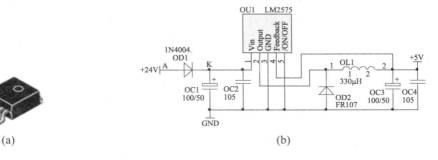

图 4-38　LM2575 开关稳压的芯片及应用电路原理图

OD2 为续流二极管，额定电流值应大于最大负载电流的 1.2 倍，或再大一些，但其开关频率是需要重点考虑的问题，应选用快速恢复二极管才能完成任务，IN4001～IN4007 等整流二极管不适用，通常可选用 FR107 等快速恢复二极管，FR107 快速恢复二极管的最大反向恢复时间为 300ms(当正向电流 $I_F = 0.5A$)。

4.16.3　3.3V 微处理器所用电源

目前多数单片机的芯片采用的是 3.3V 供电，如 STM32、C8051F 系列 CPU。因此，在获得了 +5V 的电压以后，还需要通过电源芯片，将 +5V 电压转换为 +3.3V 。如图 4-39 所示为采用正向稳压器电路芯片 AMS1117，有固定输出电压为 1.5V、1.8V、2.5V、2.85V、3.0V、3.3V、5.0V 和可调芯片，推荐输入电压为 +5V 。

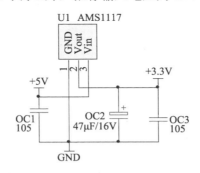

图 4-39　利用 AMS1117 产生+3.3V 稳压输出

利用 AMS1117 产生 +3.3V 稳压输出的电路很简单，只需要加几个电容就可以。需要注意器件的引脚定义，AMS1117 的引脚 3 为输入，引脚 2 为输出，引脚 1 为地。制作 PCB 板的时候，要仔细核对引脚的定义，以免弄错。

4.17　IO 口的隔离输入、输出

在工业测量和控制系统中，为防止外界的各种干扰，必须将测量系统和计算机系统进行电气隔离。常用的隔离措施有变压器隔离(电磁隔离)、电容耦合隔离和光耦隔离。与变压器隔离、电容耦合隔离相比，光耦体积小，价格便宜，隔离电路简单且可以完全消除前后级电路的相互干扰，通过隔离电路可胜任如引弧电流、焊接电流、变频器等电磁干扰工作场合。

光电隔离，采用光电耦合器(简称"光耦")，是一种把发光元件和光敏元件封装在同一壳体内，中间通过电—光—电的转换来传输电信号的半导体光电子器件。可根据不同要求，由不同种类的发光元件和光敏元件组合成许多系列的光电耦合器。目前应用最广的是由发光二极管和光敏三极管组合成的光电耦合器，其内部结构如图 4-40 中 U2 所示。

光耦以光信号为媒介来实现电信号的耦合与传递，输入与输出在电气上完全隔离，具有抗干扰性能强的特点。对于既包括弱电控制部分，又包括强电控制部分的工业应用测控系统，采用光耦隔离可以很好地实现弱电和强电的隔离，以达到抗干扰的目的。

若光耦被用于隔离传输模拟量，可采用线性光耦，如线性光耦 HCNR201 等。

若光耦被用于通信信号的隔离，要考虑光耦的响应速度，可选用高速光耦，如 6N137 等。

一般的开关量输入、输出隔离，可选用 TLP521-524 光耦。

4.17.1　输入光电隔离电路

如图 4-40 所示，S1 为一按钮开关，其供电电源 VCC2 可为+24V，单片机 U1 供电电源为 +3.3V，因此，采用光耦隔离电路将按钮信号引入单片机，既实现了信号传输，又实现了电平匹配和抗干扰的功能。

工作原理是：按钮开关 S1 接通，U2 中的发光管亮，U2 中的光敏三极管导通，CPU的引脚 PB0 通过光敏三极管接地，引脚 PB0 为低电平；S1 松开，U2 中的发光二极管不亮，光敏三极管不导通，PB0 经上拉电阻 R1 接正电，为高电平。

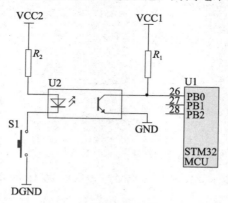

图 4-40　输入光电隔离电路

4.17.2　输出光电隔离电路

同样，CPU 输出控制信号，也可通过光耦实现信号传输。一般来说，为增加系统的可靠性，CPU 可通过缓冲器 U3 与光耦相连。输出光电隔离电路如图 4-41 所示。

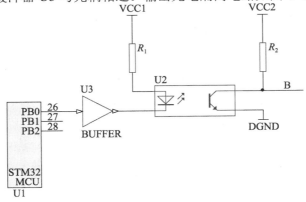

图 4-41　输出光电隔离电路

工作原理是：当 PB0 为高电平时，发光管不亮，U2 光耦中的光敏三极管截止，B 点输出高电平；当 PB0 为低电平时，发光管亮，U2 光耦中的光敏三极管饱和导通，B 点输出低电平。

4.17.3　采用光电隔离电路驱动感性负载

通常光耦驱动能力较弱，若驱动继电器、接触器、电机等线圈感性负载，可采用三极管进行，如图 4-42 所示。图 4-42 中的前半部分与图 4-41 相同，后半部分将光敏三极管的发射极接于三极管的基极上，T1 的集电极接继电器线圈，构成了驱动感性负载电路。

工作原理是：当 PB0 为低电平时，发光管亮，光耦输出三极管饱和导通，给 T1 三极管的基极提供电流，使 T1 饱和导通，继电器线包得电，继电器 K1 触点吸合；当 PB0 为高电平时，发光管不亮，光耦输出三极管截止，T1 三极管的基极无电流，T1 截止，继电器线包失电，继电器 K1 触点断开。

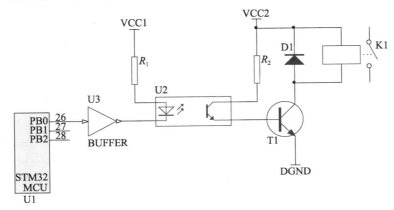

图 4-42　采用光电隔离电路驱动感性负载

在此，由于是感性负载，D1 续流二极管非常重要，其作用是快速放电，以起到保护作用。继电器、接触器或电机的线圈是一个很大的电感，它能以磁场的形式储存电能，所以当它吸合的时候会存储大量的磁场。当控制继电器的三极管由导通变为截止时，线圈断电，但是线圈里有磁场，这时将产生反向电动势，电压高达 1000V 以上，很容易击穿推动三极管或其他电路元件。加上续流二极管后，由于二极管的接入正好和反向电动势的方向一致，反向电动势将通过续流二极管放掉，从而保护了其他电路元件。一般选用开关速度比较快的续流二极管。

4.18 Pt100 温度测量

4.18.1 基本原理

在工业生产过程中，温度一直是一个很重要的物理参数。车刀的切削温升、齿轮箱的工作温度、风机轴承的运行温度都需要检测与控制。

铂电阻是用很细的铂丝($\phi 0.03 \sim 0.07$mm)绕在云母支架上制成的，是国际公认的高精度测温标准传感器。在氧化性介质中，甚至在高温下，铂电阻的物理、化学性质都非常稳定，因此，具有精度高、稳定性好、性能可靠的特点，在中温($-200 \sim 650℃$)范围内得到广泛应用。目前市场上已有用金属铂制作成的标准测温热电阻，如 Pt100、Pt500、Pt1000 等。

在 $0 \sim 850℃$ 范围内，Pt100 铂电阻与温度的关系为

$$R(t) = R_0(1 + at + bt^2) \tag{4-22}$$

式中，$a = 3.90802 \times 10^{-3}$，$b = -5.802 \times 10^{-7}$，$R_0 = 100\Omega$。

通常采用表 4-2 的方式，表明 Pt100 铂电阻的电阻值与温度之间的关系，其中某一点的电阻值对应行和列温度之和，如 183.2Ω 对应的是 $220℃$。

表 4-2　Pt100 铂电阻的电阻值与温度之间的关系

温　度	0℃	100℃	200℃
0	100.0	138.5	175.8
10	103.9	142.3	179.5
20	107.8	146.1	183.2
30	111.7	149.8	186.8
40	115.5	153.6	190.5
50	119.4	157.3	194.1
60	123.2	161.0	197.7
70	127.1	164.8	201.3
80	130.9	168.5	204.9
90	134.7	172.2	208.5

根据式(4-22)，通过温度可求得 Pt100 铂电阻的电阻值。但在实际应用过程中，测出的是 Pt100 铂电阻的电阻值，需要反过来求温度。

　　第一种方法通常是忽略式(4-22)中的二次项，利用近似线性运算获得温度值，这种方法当然存在误差。

　　第二种方法是在单片机中做一个 Pt100 电阻值与温度值对应的表格，或者是数组，通过查表的方法实现电阻值到温度值的变换。

　　第三种方法是给出 Pt100 的电阻值，得出温度值的变换公式。

　　经式(4-22)反求之，可得

$$T = \frac{390802000}{116039} - \frac{2000}{116039} \times \sqrt{43983500801 - 58019500 \times R} \tag{4-23}$$

　　例如，如表 4-2 所示，当温度为 80℃时，铂电阻的电阻值为 168.5Ω；将 168.5Ω 代入式(4-23)中，可得 180.09℃。可以看出，由式(4-23)计算出的温度值符合要求。

　　为此，以 Pt100 铂电阻制成的测温仪表，可以用式(4-23)来计算温度值，方便、快捷。实际测温过程中，有三线、四线接法。

4.18.2　测量电路

　　利用 Pt100 铂电阻测温，可以采用电桥方法进行测量，也可以通过 Pt100 铂电阻上的电压降直接进行测量，两种方法都需要一个稳定的恒流源给 Pt100 铂电阻供电。恒流源电路可以采用图 4-33 中的采用 TL431 与运放的恒流电路，设给 Pt100 铂电阻的恒流为 1mA，则取

$$R_2 = \frac{2.5}{0.001}\Omega = 2500\Omega \tag{4-24}$$

1. Pt100 二线制电路接法

　　如图 4-43 所示，这种接法将 A/D 采样端与电流源的正极输出端接在一起，由于没有考虑 Pt100 测温电缆的导线电阻，因此，只适用于测温距离较近的场合，或者 Pt100 铂电阻传感器就在测温仪表附近。一般来说，供给 Pt100 铂电阻的激励电流不宜过大，通常在 0.5～1mA 之间。激励电流太小，灵敏度低；太大，将使铂电阻发热，测量不准。

　　两线制 Pt100 测温电路仅可以说明测温原理，在实际中并不适用。铂电阻每度的电阻变化量约为 0.39Ω，因

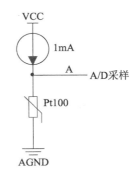

图 4-43　两线制 Pt100 测温电路

此，若测量导线较长，测量导线的电阻值或测量导线随温度变化的电阻值将严重影响测量温度值。通常可采用三线制接法或四线制接法。

2. Pt100 三线制电路接法

　　如图 4-44 所示，Pt100 三线制电路接法增加了用于 A/D 采样的补偿线，消除了连接导线电阻引起的测量误差。

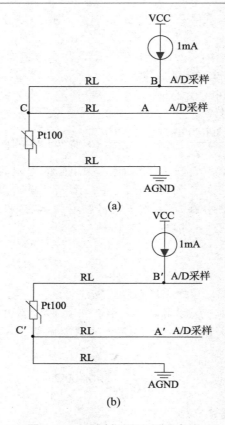

图 4-44 三线制 Pt100 测温电路

图 4-44(a)被称为"高端补偿三线接法"，图 4-44(b)被称为"低端补偿三线接法"。下面说明这两种接法的测量原理。

图 4-44(b)中，通常 A/D 采样器件的输入阻抗很大，可被认为是无电流吸入，即 C'A' 导线无电流。因此，1mA 的激励电流经 B' 点至 Pt100 铂电阻再至 C' 点，然后经导线至 AGND 点，可得 B' 点的电压为

$$V_{B'} = V_{RL}V_{Pt100} + V_{RL} \tag{4-25}$$

A' 点的电压就是 C' 点的电压，为

$$V_{A'} = V_{C'} = V_{RL} \tag{4-26}$$

因此，A' 点的采样值实际上就是一条导线的电压值。

根据式(4-25)和式(4-26)，可得

$$V_{Pt100} = V_{B'} - 2V_{A'} \tag{4-27}$$

由此可以看出，要获得 Pt100 铂电阻的电压值，只要测得 B' 点的电压值，减去两条传输导线所引起的电压值即可。

图 4-44(a)中，B 点的电压值与 B' 点的电压值相同，即

$$V_{B} = V_{RL} + V_{Pt100} + V_{RL} \tag{4-28}$$

则 A 点的采样值，为

$$V_{A} = V_{RL} + V_{Pt100} \tag{4-29}$$

根据式(4-28)和式(4-29)可得

$$V_{Pt100} = 2V_A - V_B \tag{4-30}$$

尽管两种接法在理论上都可以通过 Pt100 铂电阻上的压降测出温度值，但图 4-44(a)的接法优于图 4-44(b)的接法。图 4-44(b)中 A′ 点的电压(或 C′ 点的电压)仅为一条导线上的压降，此压降较小，可能落在后续 A/D 采样器件死区电压左右，因此，测量有误差。图 4-44(a)中的测量电路，B 点和 A 点(或 C 点)的电压降都包括 Pt100 铂电阻上的压降，较导线上的压降大得多，可以避开后续 A/D 采样器件的死区范围，测量精度明显提高。

工业现场一般采用上述三线接法。四线接法尽管有较高的测量精度，但毕竟多一条传输导线，成本增加较多，工业现场用得较少，在此不再叙述。

复习思考题

一、填空题

1. 传感器包括( )元件、( )元件。

2. 运动学参数检测系统主要完成( )、( )、( )及振动的检测。

3. 力学参数检测系统主要检测( )力、( )力矩及应力等。

4. 在机电系统中，位置检测可以采用机械式( )开关、光电开关、霍尔元件传感器；速度检测可以采用( )传感器；张力检测可以采用( )、拉压力传感器；温度检测可以采用铂电阻 Pt100 或集成温度 AD590 传感器等。

5. 如图 4-45 所示行程开关与 MCU 通过光耦接口电路原理，若 MCU 引脚 PB0 是低电平，则行程开关 SQ1 是( )。

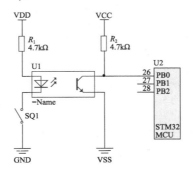

图 4-45 行程开关与 MCU 通过光耦接口电路原理

6. 电阻应变片传感器的结构包括 4 个部分：( )、( )、覆盖层和引出线。

7. ( )电感传感器对外界的影响(如温度的变化、电源频率的变化等)基本上可以互相抵消，衔铁承受的电磁吸力也较小，从而减小了测量误差。

8. 磁敏电阻包括( )、( )和磁敏三极管等类型。

9. 霍尔传感器属于磁敏元件，是基于( )效应工作的，将磁学物理量转换成电信号。

10. 载流导体被置于磁场中，除了产生霍尔效应外，导体中的载流子因受洛伦兹力的作用要发生偏转，载流子运动方向的偏转使电流的路径变化，起到了加大( )的作用，磁场越强，增大电阻的作用越强。

11. 计量光栅主要利用(　　　　)现象实现长度、角度、速度、加速度、振动等几何量的测量。

12. 光栅由主光栅(即定光栅，也被称为"(　　　　)")和动光栅(也被称为"(　　　　)")构成。

13. 莫尔条纹特性中的方向性是指莫尔条纹的移动方向与(　　　　)的移动方向垂直。

14. 莫尔条纹特性中的同步性是指光栅移动一个栅距，莫尔条纹移动一个(　　　　)。

15. 光电编码器可分为(　　　　)编码盘和(　　　　)编码盘。

16. 测量角度的传感器有(　　　)、(　　　)、(　　　)和(　　　)等。

17. 旋转变压器是一种电磁式传感器，又被称为"同步分解器"，一般被用来测量旋转物体的转轴角位移和角速度，由(　　　)和(　　　)组成。

18. 旋转变压器在伺服系统、数据传输系统和(　　　)系统中也得到了广泛的应用。

19. 电容式传感器可分为(　　　)型、(　　　)型和变介质型3种类型。

20. 电压跟随电路或电压跟随器，看起来其输出等于输入，似乎没有什么作用，但其实在信号传输中很有用，其主要作用是(　　　)。

21. AD623仪器仪表放大器，可以根据不同的输入信号，改变增益电阻R_g的阻值，以获得不同的增益，从而得到所需要的(　　　)值。

22. 采用一般的稳压二极管的恒压电路，其成本较低，但性能不一定能满足要求，主要是一般的稳压二极管(　　　)漂移较大。

23. TL431是(　　　)芯片。

24. DC 4~20mA信号在工业中应用很广，如可用DC 4~20mA的信号驱动变频器实现电机的调速。DC 4~20mA电路分为非共地和共地的可控DC 4~20mA电路。非共地电路较共地电路(　　　)。

25. 由于工业中常用24V电源供电，若将24V变到5V电压输出，需要1A的电流输出，可利用(　　　)稳压集成电路来设计电源电路。

26. 在开关稳压集成电路中，首先通过变换电路将输入的直流电压转换为(　　　)电压。

27. 开关稳压器件工作在开关状态，要么完全截止、无电流，要么完全导通、压降很小，这两种情况的功耗(　　　)。因此，开关稳压器件的效率较高，几乎不用加散热片。

28. 在工业测量和控制系统中，为防止外界的各种干扰，必须将测量系统和计算机系统进行电气隔离。常用的隔离措施有(　　　)隔离、(　　　)隔离和(　　　)隔离。

29. 与变压器隔离、电容耦合隔离相比，光耦隔离中的光耦体积(　　　)，价格便宜。

30. 两线制Pt100测温电路仅可以说明测温原理，在实际中并不适用。铂电阻每摄氏度的电阻变化量约为0.39Ω。因此，若测量导线较长，测量导线的(　　　)或测量导线随温度变化的电阻值将严重影响测量的温度值。

31. Pt100铂电阻测温电路通常可采用(　　　)接法。

32. 放大电路通常由运算放大器、晶体管组成，用来放大来自传感器的(　　　)信号。为了得到高质量的模拟信号，要求放大电路具有抗干扰能力，(　　　)输入阻抗等性能。常用的抗干扰措施有(　　)、(　　)和正确的(　　)等方法。

33. 运算放大器的输入阻抗(　　)，输出阻抗(　　)。

34. 传感器所感知、检测、转换和传递的信息的表现形式为不同的电信号。传感器输出电信号的参量形式可分为电压输出、电流输出和(　　)输出，其中以电压输出型为最多。

二、选择题

1. 一位移检测装置在位移变化 2mm 时，输出的电压变化为 30mV，则其灵敏度为(　　) mV/mm。

    A. 15　　　　　　B. 20　　　　　　C. 30　　　　　　D. 60

2. 操作频率较高的开关器件是(　　)。

    A. 干簧管　　　B. 机械行程开关　　C. 继电器　　　D. 光电开关器件

3. 检测生产包装线上有无产品，可采用(　　)。

    A. 温度传感器　　B. 光电传感器　　C. 光电编码器　　D. 旋转变压器

4. 采用应变片的桥式电路，需要额外采用补偿应变片的电路是(　　)。

    A. 半桥单臂　　　B. 全桥　　　　　C. 半桥双臂　　　D. 都不需要

5. (　　)是能量转换型传感器，工作时不需要外加电源，可直接从被测物体吸取机械能量并将其转换为电信号输出。

    A. 光栅传感器　　B. 光电编码器　　C. 电阻应变传感器　　D. 磁电式传感器

6. 光栅传感器的刻线数为 100 线/mm，若测得莫尔条纹数为 400，光栅位移是(　　)mm。

    A. 1　　　　　　B. 2　　　　　　C. 3　　　　　　D. 4

7. 绝对式编码器的分辨率与码盘的码道数 n 有关，码道数有 4～18 道；若绝对式编码器的码道数为 17，其精度为(　　)。

    A. 360/131072　　B. 360/ 262144　　C. 360/17　　　D. 360/34

8. 采用光电编码器进行轴的转速检测，已知光电编码器的分辨率为 12 位，在测量时间 $t = 1.2s$ 内，总的脉冲个数 $N = 30000$，转速是(　　)rpm。

    A. 125000　　　B. 36　　　　　C. 366.2　　　　D. 6.1

9. 发光二极管的正向压降大约是(　　)V。

    A. 0.3　　　　　B. 0.7　　　　　C. 2　　　　　　D. 5

10. 应变电桥电路在螺栓应力应变测量、简支梁的力学实验及轴的扭矩测量中应用非常广泛。比较适合进行电桥电路测量信号放大电路的是(　　)放大电路。

    A. 加法　　　　B. 反相　　　　C. 差动　　　　D. 同相

11. 采用 DC 4～20mA 驱动变频器实现电机调速，已知给 DC 4mA 时，电机转速为 0；给 DC 20mA 时，电机转速为 3600rpm。若电机转速为 1200rpm，需给定(　　)mA。

    A. 9.333　　　　B. 5.333　　　　C. 6.666　　　　D. 10.666

12. 采用 LM7805 线性稳压器件，一定要考虑输入、输出的电压差。过小的电压差可能不能完成稳压输出，过高的电压差可能导致 LM7805 发热，一般输入、输出压差在(　　)左右。

    A. 1V　　　　　B. 5V　　　　　C. 10V　　　　　D. 20V

13. 某光栅条纹密度是 100 条/mm，光栅条纹间夹角 θ=0.001 弧度，则莫尔条纹的宽度是(　　　)。

    A. 100mm   B. 20mm   C. 10mm   D. 0.1mm

14. 无活动触点的传感器是(　　　)。

    A. 应变传感器   B. 机械式行程开关

    C. 螺旋管式电感位移传感器   D. 光电传感器

15. 滚柱的直径可用传感器进行分选，能够实现直径分选的传感器是(　　　)。

    A. 电感测微器   B. 应变传感器   C. 旋转变压器   D. 光电编码器

16. 在直流电桥中，哪种电路的电压灵敏度最小？(　　　)

    A. 单臂   B. 半桥差动   C. 全桥差动   D. 一样大

17. 比较适合测量转速的传感器是哪一个？(　　　)

    A. 应变传感器   B. 光电旋转编码器

    C. 压电传感器   D. 热电偶

18. 进出车库的自动门，可采用传感器检测车的有无，下列哪种传感器一般不用于检测汽车的有无？(　　　)

    A. 磁敏电阻   B. 光电传感器   C. 称重传感器   D. 旋转变压器

三、简答题

1. 简要回答传感器(Transducer/Sensor)的定义。

2. 电感传感器的优点。

3. 霍尔元件产品的特点。

4. 简要回答运算放大器的 3 个主要特点。

5. 说明电压跟随器如何在电路中起阻抗变换作用。

6. 简述加速度传感器的测量原理。

7. 模拟式传感器信号处理过程包括哪些环节？

四、应用题

利用光敏三极管和继电器等相关器件设计一个楼道灯的控制电路，要求白天有光亮的时候楼道灯没有电，不发光；夜晚无光亮的时候，楼道灯有电，发光，并说明电路原理。

第5章 执行元件

学习要点及目标

- 了解执行元件的分类和特点。
- 了解常用控制电机,掌握伺服电动机控制方式。
- 掌握步进电动机的工作原理、主要特性和结构类型,掌握步进电动机及其驱动,掌握控制器与电机驱动器的接口电路原理。
- 熟悉直流和交流伺服电动机的原理和驱动方式。

5.1 执行元件的分类及特点

5.1.1 执行元件介绍

执行元件是机电系统(或产品)必不可少的驱动部件。例如,数控机床的主轴转动、工作台的进给运动以及工业机器人手臂的升降、回转和伸缩运动等所用驱动部件都是执行元件。

执行元件主要用来根据信息处理系统的控制信息和指令,将来自电、液压、气压等各种能源的能量转换成旋转运动、直线运动等机械能,并完成要求动作的能量转换装置。如图 5-1 所示为一维工作台,其执行元件为(步进或伺服)电动机。

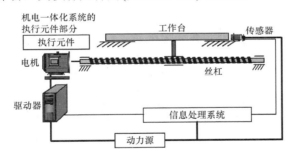

图 5-1 机电一体化系统的执行元件部分说明

执行元件是处于执行机构(丝杠和工作台)与电子控制装置(驱动器和信息处理系统)的接点部位的能量转换部件。它能在电子控制装置的控制下,将输入的各种形式的能量转换为机械能,即将控制信号转换成机械运动的转换元件。

例如,电动机、液动机、汽缸、内燃机、电磁铁、继电器等分别把输入的电能、液压能、气压能和化学能转换为机械能。

大多数执行元件已作为系列化商品生产,故在设计机电一体化系统或产品时可将其作为标准件选用、外购。

如图 5-2 所示为 MINAS A5 松下系列伺服电动机及驱动器。

图 5-2   MINAS A5 松下伺服电动机及驱动器

5.1.2   执行元件的分类

工业机器人、CNC 机床、自动机械、信息处理计算机外围设备、办公室设备、车辆电子设备、医疗器械、光学装置、家用电器(音响设备、录音机、摄像机、电冰箱)等机电一体化系统(或产品)离不开执行元件为其提供动力和动作。

各种机电产品和装置都是为完成某一任务或达到某种特定目标而制造的。但直接参与调节以及完成动作指令的是执行元件,因此,要求执行元件能够按控制器的指令迅速、精确、可靠地实现对被控对象的调整和控制。

执行元件的种类繁多,通常按推动执行元件工作的能源形式分为 3 种,即电动式、液压式和气动式。它们各有特点,应用的场合也不完全相同。

1. 电动执行元件

电动执行元件以电能作为动力,实现对被控对象的调整和控制。电动执行元件主要以电动机为主,具有高精度、高速度、高可靠性、易于控制等特点,常见的有直流伺服电动机、交流伺服电动机、步进电动机等。一般来说,电动机虽然能把电能转换为机械能,但电动机本身缺少控制能力,需要电力变换控制装置的支持。从图 5-2 中的松下系列伺服电动机及驱动器可以看出,伺服电动机还需要伺服电动机驱动器与之相配套。随着电子技术的快速发展,电动执行元件的性能有了显著提高,从而使电动执行元件有了非常广泛的应用。

2. 液压执行元件

液压执行元件是将压缩液体的能量转换为机械能,拖动负载实现直线或回转运动。做功介质可以用水,但大多用油。常见的液压执行元件有液压缸、液压马达,如图 5-3 所示。

(a)液压缸

(b) 液压马达

图 5-3 液压执行元件

液压执行元件具有工作平稳、冲击振动小、无级调速范围大、输出扭矩大、过载能力强，结构简单及体积小等优点，被应用于机械、冶金等领域。但液压执行元件存在下述缺点：使用时需要精心维护、管理，噪音大，远距离操作受到限制，由于漏油可能污染环境，性能随油温的变化而变化。

3. 气动执行元件

气动执行元件是把压缩气体的能量转换成机械能，拖动负载完成对被控对象的控制。做功介质可以是空气，也可以是惰性气体。气动执行元件结构简单、工作可靠、维护方便、成本低。但由于是用气体做介质，可压缩性大、精度较差、传输速度低，不能在定位精度要求较高的场合使用。气动执行元件在机电一体化技术中一般与电动调节仪表、电动单元组合仪表相配合，被应用于电站、化工、轻工、纺织等领域。

汽缸用于实现直线往复运动，输出力和直线位移；气马达用于实现连续回转运动，输出力矩和角位移。气动执行元件中的汽缸如图 5-4 所示。

4. 其他执行元件

由双金属片、形状记忆合金或压电元件等具有将其他能量转换成动能的结构或材料构成，其性能与使用的结构和材料有关。

执行元件的分类如图 5-5 所示。

图 5-4 汽缸

图 5-5 执行元件的分类

5.1.3 执行元件的特点

执行元件的特点及优缺点如表 5-1 所示。

表 5-1 执行元件的特点及优、缺点

种 类	特 点	优 点	缺 点
电动式	可以使用商业电源，信号与动力的传送方向相同，有交流供电和直流供电之分，使用时应注意电压范围	操作简便，编程容易，能实现定位伺服；响应快，易与 CPU 相接；体积小，动力大；无污染	瞬时输出功率大；过载能力差，特别是由于某种原因而卡住时会引起烧毁事故，易受外部噪声影响
液压式	液压源压力为 20M～80MPa，要求操作人员技术熟练	输出功率大，速度快，动作平稳，可实现定位伺服；易与 CPU 相接；响应快	设备难以小型化；液压源或液压油要求(杂质、温度、油量、质量)严格；易泄漏且有污染
气动式	空气源压力为 0.6M～0.8MPa，要求操作人员技术熟练	气源方便，成本低；无泄漏污染；速度快，操作比较简单	功率小，体积大，动作不够平稳；不易小型化，远距离传输困难；工作噪声大，难以伺服

为了实现运动、功率/能量、控制方式的转换，对机电一体化系统所使用的执行元件的基本要求是：惯量小，动力大；体积小，重量轻；便于安装、维护；易于实现自动化控制和微机控制。

1. 惯量小，动力大

表征执行元件惯量的性能指标：质量 m (直线运动)、转动惯量 J (回转运动)。

表征输出动力的性能指标：推力 F、转矩 T、功率 P。

直线运动和回转运动的加速度 a 和角加速度 ε 表征执行元件的加速性能。

对于直线运动

$$a = \frac{F}{m}$$

对于回转运动，由于

$$P = T\omega$$

$$\varepsilon = \frac{T}{J}$$

衡量执行元件的综合性能指标，通常采用比功率。比功率包含功率、加速性能与转速 3 种因素，其定义为式(5-1)。

$$比功率 = \frac{\mathrm{d}P}{\mathrm{d}t} = \frac{\mathrm{d}(T\omega)}{\mathrm{d}t} = T\frac{\mathrm{d}\omega}{\mathrm{d}t} = T\omega = T \cdot \frac{T}{J} = \frac{T^2}{J} \tag{5-1}$$

既比功率与转矩平方成正比，与转动惯量成反比。在额定输出功率相同的条件下，比功率由高到低的次序为交流伺服电动机、直流伺服电动机、步进电动机。

2. 体积小，重量轻

机电一体化系统中的执行元件结构应尽量紧凑，做到体积小、重量轻，同时又要增大其动力，可用功率密度或比功率密度来评价这项指标。设执行元件的重量为 G，则

$$功率密度 = \frac{P}{G} \tag{5-2}$$

$$比功率密度 = \frac{比功率}{G} = \frac{\dfrac{T^2}{J}}{G} \tag{5-3}$$

3. 便于安装、维护

执行元件最好不需要维修。无刷直流及交流伺服电动机就是趋向无维修的。

4. 易于实现自动化控制和微机控制

易于实现自动化控制和微机控制的主流执行元件是电动式,其次是液压式和气动式(在驱动接口中需要增加电—液或电—气变换环节)。

不同的应用场合对控制电动机的性能密度的要求也有所不同。对于启停频率低(如每分钟几十次),但要求低速运行时平稳和扭矩脉动小,高速运行时振动、噪声小,在整个调速范围内均可稳定运动的机械,如 NC 工作机械的进给运动、机器人的驱动系统,其功率密度是主要的性能指标;对于启停频率高(如每分钟数百次),但不特别要求低速平稳性的产品,如高速打印机、绘图机、打孔机、集成电路焊接装置等,主要的性能指标是高比功率。

5.2　机电一体化系统常用的控制电动机

5.2.1　常用控制电动机

常用控制电动机有直流/交流电动机、力矩电动机、步进和伺服(脉冲)电动机、变频调速电动机、开关电磁电动机和其他电动机(如直流或交流脉宽调速电动机、电磁伸缩元件)等。

控制用电动机是电气伺服控制系统的动力部件,是将电能转换为机械能的一种能量转换装置。由于控制电动机可在很宽的速度和负载范围内进行连续、精确的控制,因而在各种机电一体化系统中得到广泛应用。

控制用电动机包括回转和直线驱动电动机:通过对电压、电流、频率(包括指令脉冲)等进行控制,实现定速、变速驱动或反复启动、停止的增量驱动,以及复杂的驱动,而驱动精度随驱动对象的不同而不同。机电一体化系统中常用的控制用电动机是指能提供正确运动或较复杂动作的伺服电动机。

5.2.2　伺服的概念

伺服系统属于自动控制系统的一类,它的输出变量通常是机械的运动,根本任务是实现执行机构对给定指令的准确跟踪,即实现输出变量的某种状态能够自动、连续、精确地复现输入指令信号的变化规律。可以这样定义伺服系统:以移动部件的位置和速度作为控制量的自动控制系统。伺服系统的作用是:接受机电装置发来的进给脉冲指令信号,经过信号变换和电压、功率放大(即驱动器),由执行元件(伺服电动机)将其转换成角位移或直线位移,驱动运动部件实现加工所需要的运动。

5.2.3 伺服电动机控制方式的基本形式

伺服电动机的控制方式包括开环、闭环和半闭环 3 种基本控制形式,被控量为机械参数(位移、速度、加速度、力和力矩等)。

1. 开环系统

开环系统即没有检测反馈装置的伺服系统,通常采用步进电动机作为伺服驱动装置。如图 5-6 所示为开环控制方式示意图,也可用图 5-7 中的框图表示。

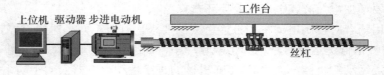

图 5-6 开环控制方式示意图

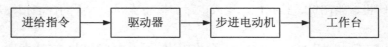

图 5-7 开环控制方式框图

缺点:定位精度较低。

优点:结构简单,调试、维修、使用方便,工作稳定、可靠。

应用:主要用于精度和速度要求不高的场合,如简易数控机械、机械手、小型工作台、冲床自动送料装置和绕线机的同步运动等。

2. 闭环系统

闭环控制方式如图 5-8 所示,闭环系统的位置检测元件被直接安装在工作台上。位置测量没有中间环节,检测装置测出实际位移量或者实际所处位置,并将测量值反馈给计算机装置与指令进行比较,求得差值,依此构成闭环位置控制,直到差值为零。

优点:通过闭环系统消除整个环内传动链的全部累积误差,控制精度高。

缺点:由于闭环系统位置环内包含的机械传动部件比较多,因此,闭环系统结构复杂、调整困难。

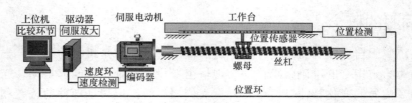

图 5-8 闭环控制方式示意图

应用:主要用于高精密和大型的机电一体化设备。

如图 5-9 所示为闭环控制方式框图。

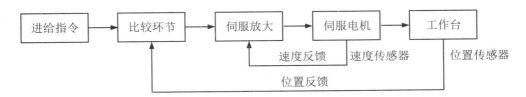

图 5-9　闭环控制方式框图

3. 半闭环系统

半闭环系统的位置检测元件被安装在传动链的中间，间接测量工作台的位置，半闭环系统即从传动链中间部位取出检测反馈信号的伺服系统。

例如，位置检测装置不是直接测量工作台的位移量，而是被安装在电动机或丝杠轴端的编码器上，来间接测量工作台的位移量。如图 5-10 所示为半闭环控制方式示意图，其工作台的位置检测可以通过编码器的角位移间接获得。如图 5-11 所示为半闭环控制方式框图。

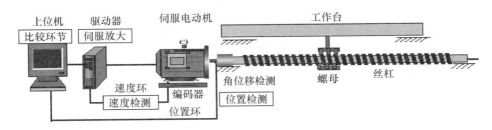

图 5-10　半闭环控制方式示意图

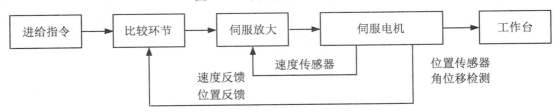

图 5-11　半闭环控制方式框图

优点：结构比较简单，调整、维护也比较方便，稳定性好，具有较高的性价比。

缺点：传动链有一部分在位置闭环以外，其传动误差没有得到系统的补偿，因而半闭环伺服系统的精度低于闭环系统。

应用：半闭环控制系统的伺服机构所能达到的精度、速度和动态特性优于开环控制系统的伺服机构，为大多数中小型数控机床所采用。

5.2.4　对控制用电动机的基本要求

(1) 性能密度大，即功率密度和比功率大。

(2) 快速性好，即加速转矩大，频响特性好。

(3) 位置控制精度高，调速范围宽，低速运行平稳、无爬行现象，分辨率高，振动噪声小。

(4) 适应启、停频繁的工作要求。

(5) 可靠性高，寿命长。

5.3 步进电动机及其驱动

5.3.1 步进电动机的特点、种类

1. 步进电动机的发展

步进电动机最早是在 1920 年由英国人开发。1950 年以后，随着晶体管的发明，在步进电动机上逐渐开始应用晶体管，对于数字化的控制也因此变得更为容易。从 20 世纪 80 年代开始，专用的 IC 驱动电路被开发出来。今天，在打印机、磁盘驱动器等的 OA 装置的位置控制中，步进电动机都是不可缺少的组成部分之一。

步进电动机又被称为"电脉冲马达"，它是将电脉冲信号转换成机械角位移的执行元件。通俗地讲，就是每外加一个脉冲信号于这种电动机时，它就运动一步。正因为它的运动形式是步进式的，故被称为"步进电动机"。对应一个输入脉冲，电机将产生一个步长的转角，且电机在下一个脉冲到来之前会保持现在的位置，成为停止状态。这种依据输入脉冲数运转并保持状态的特点是直流电机所不具备的。

步进电动机输入的是脉冲信号，从主绕组内的电流来看，既不是通常的正弦电流，也不是恒定的直流，而是脉冲电流，所以步进电动机有时也被称为"脉冲马达"。如图 5-12 所示为一种步进电动机及其驱动器。

步进电动机转子的角位移大小及转速分别与输入的电脉冲数及其频率成正比，并在时间上与输入脉冲同步，只要控制输入电脉冲的数量、频率以及电机绕组通电相序，即可获得所需的转角、转速及转向。又因为脉冲是数字信号，正是计算机所擅长处理的数据类型，很容易实现数字控制。

图 5-12 步进电动机及其驱动器

2. 步进电动机的特点

(1) 步进电动机的工作状态不易受各种因素干扰。

(2) 步进电动机的步距角有误差，转子转过一定步数以后也会出现累积误差，但转子转过一周以后，其累积误差为"零"。

(3) 控制性能好。

(4) 不需要反馈，控制简单。

(5) 与微机的连接、速度控制(启动、停止和反转)及驱动电路设计比较简单。

(6) 没有换向器等机械部分，不需要保养，故造价较低。

(7) 在体积、重量方面没有优势，能源利用效率低。

(8) 超过负载时会破坏同步，低速工作时会发生振动和噪声。

3. 步进电动机的种类

步进电动机的种类很多。按运动方式分类如下。

(1) 旋转式步进电动机。

(2) 直线步进电动机。

按励磁相数分类如下。

(1) 三相步进电动机。

(2) 四相步进电动机。

(3) 五相步进电动机。

(4) 六相步进电动机。

按常用的旋转式步进电动机的转子结构，可将旋转式步进电动机分为以下 3 种。

(1) 可变磁阻(Variable Reluctance，VR)型。

(2) 永磁(Permanent Magnet，PM)型。

(3) 混合(Hybrid，HB)型。

5.3.2　步进电动机的工作原理

不同种类步进电动机的结构和原理相似，下面以可变磁阻 VR 型为例介绍步进电动机的结构和原理。

1. 可变磁阻 VR 型的结构

该类电动机由定子绕组产生的反应电磁力吸引用软磁钢制成的齿形转子做步进驱动，故又被称为"反应式步进电动机"。如图 5-13 所示为 45 型号反应式步进电动机。反应式步进电动机的应用很多，特点是转子结构简单、转子直径小，有利于高速响应。

由于 VR 型步进电动机的铁芯无极性，常用吸引力，不需要改变电流极性，因此，VR 型步进电动机多为单极性励磁。

图 5-13　反应式步进电动机

如图 5-14 所示为三相反应式步进电动机的内部结构横剖面示意图，其定子与转子由铁芯构成，没有永久磁铁。定子上嵌有线圈，转子无线圈。由图 5-14 中可见，此电机的定子为 3 对磁极，磁极对数被称为"相"，相对的极属一相。步进电动机可做成三相、四相、五相或六相等。

磁极个数是定子相数 m 的 2 倍(即 $2m$)，每个磁极上套有该相的控制绕组，在磁极的极靴上制有小齿，转子由软磁材料制成齿状。图 5-14 中，定子上有 3 相，即 A、B 和 C 相。

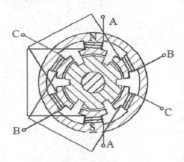

图 5-14 三相反应式步进电动机的内部结构横剖面示意图

步进电动机定、转子齿距要相同，并满足以下两点。

(1) 在同相的磁极下，定、转子齿应同时对齐或同时错开，以保证产生最大转矩。

(2) 在不同相的磁极下，定、转子齿的相对位置应依次错开 $1/m$ 齿距。这样，当连续改变通电状态时，可以获得连续不断的步进运动。

齿距 θ_Z 的计算公式为

$$\theta_Z = \frac{2\pi}{Z_R} \tag{5-4}$$

式中：Z_R——转子的齿数。

典型的三相反应式步进电动机的每相磁极在空间互差 $120°$ (A、B、C)，相邻磁极则相差 $60°$。

转子沿圆周可制有均匀的小齿，但其齿距和定子磁极上小齿的齿距必须相等。这种结构形式的优点是：制造简便，精度易于保证，步距角可以做得较小，容易得到较高的启动和运行频率。如图 5-15 所示，当转子有 40 个齿时，转子的齿距为 $\theta_Z = \dfrac{2\pi}{Z_R} = \dfrac{360°}{40} = 9°$。

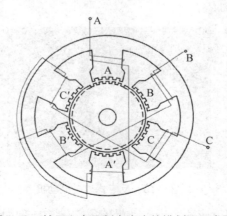

图 5-15 转子和定子制有小齿的横剖面示意图

2. 可变磁阻 VR 型的特点

(1) 步矩角小。
(2) 响应速度快。
(3) 结构简单。
(4) 效率低。
(5) 噪声大。

3. 可变磁阻 VR 型的工作原理

1) 两转子齿反应式步进电动机

如图 5-16 所示为两转子齿反应式步进电动机的横剖面示意图，是一台三相反应式步进电动机；定子铁芯为凸极式，共有 3 对 6 个磁极，每两个相对的磁极上绕有一相控制绕组；转子用软磁性材料制成，也是凸极结构，只有两个齿，宽度等于定子的极靴宽。

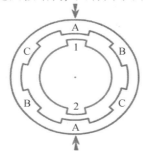

图 5-16　两转子齿反应式步进电动机的横剖面示意图

下面通过几种基本的控制方式来说明其工作原理。

(1) 单相轮流通电(3 相单 3 拍)。

如图 5-17 所示，定子线圈顺时针轮回通电，即 A→B→C→A 顺序。

对每一相绕组通电的操作，被称为"一拍"，或者说，定子控制绕组每改变一次通电方式，被称为"一拍"。因此，A、B、C 三相绕组轮流通电需要三拍，从上面分析可知，电机转子转动一个齿距需要三拍操作。每一拍转子转过的机械角度被称为"步距角"，用符号"θ"表示，由此步距角 $\theta = 60°$。

反之，在图 5-17 中，若开始位置在图 5-17(d)，然后依次为图 5-17(c)、(b)和(a)，则为逆时针轮回通电，即 A→C→B→A 顺序，步进电动机转子逆时针旋转。

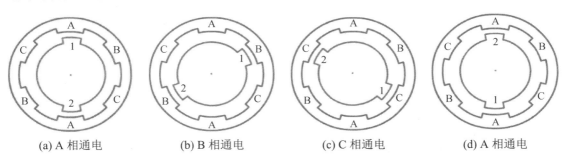

|(a) A 相通电|(b) B 相通电|(c) C 相通电|(d) A 相通电|

图 5-17　两转子齿反应式步进电动机单相轮流通电

(2) 双相轮流通电(3 相双 3 拍)。

如图 5-18 所示，顺时针轮回通电，即 AB→BC→CA→AB，从图(a)到图(d)；逆时针轮回通电，即 BA→AC→CB→BA，从图(d)到图(a)。

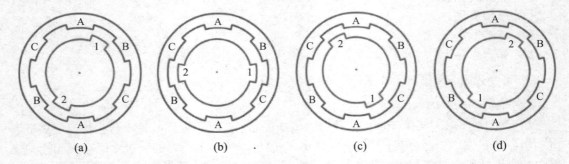

图 5-18　两转子齿反应式步进电动机双相轮流通电

从图 5-18 可以看出，3 相双 3 拍的步距角 $\theta = 60°$。

(3) 单双相轮流通电(3 相 6 拍)。

如图 5-19 所示，顺时针轮回通电，即 A→AB→B→BC→C→CA→A，从图(a)到图(g)；逆时针轮回通电，即 A→AC→C→CB→B→BA→A，从图(g)到图(a)。

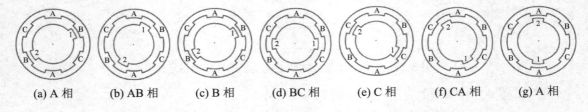

(a) A 相　　(b) AB 相　　(c) B 相　　(d) BC 相　　(e) C 相　　(f) CA 相　　(g) A 相

图 5-19　两转子齿反应式步进电动机单双相轮流通电

从图 5-19 可以看出，单双相轮流通电，3 相 6 拍的步距角 $\theta = 30°$。

2) 四转子齿反应式步进电动机

如图 5-20 所示为四转子齿反应式步进电动机的横剖面示意图。

为分析问题方便，考虑定子中的每个磁极都只有一个齿而转子有四个齿的情况。

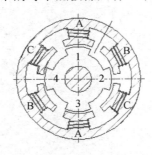

图 5-20　四转子齿反应式步进电动机的横剖面示意图

(1) 三相单三拍：定子通电顺序为 A→B→C→A，共三拍；转子旋转方向为逆时针；步距角 $\theta = 30°$。

开始时，开关接通 A 相绕组，则定、转子间的气隙磁场与 A 相绕组轴线重合，转子受磁场作用产生转矩。由于定、转子的相对位置力求取最大磁导位置，在此位置上，转子有自锁能力，所以当转子旋转到 1、3 号齿，连线与 A 相绕组轴线一致时，转子上只受径向力而不受切向力，转矩为零，转子停转，即 A 相磁极和转子 1、3 号齿对齐。同时，转子的 2、4 号齿和 B、C 相磁极形成错齿状态(图 5-21(a))。

当 A 相绕组断电、B 相绕组通电时，将使 B 相磁极与转子的 2、4 号齿对齐，转子的 1、3 号齿和 A、C 相磁极形成错齿状态(图 5-21(b))。

当 B 相绕组断电、C 相绕组通电时，C 相磁极与转子的 1、3 号齿对齐，转子的 2、4 号齿与 A、B 相磁极形成错齿状态(图 5-21(c))。

当 C 相绕组断电、A 相绕组通电时，A 相磁极与转子的 2、4 号齿对齐，转子的 1、3 号齿与 B、C 相磁极形成错齿状态。

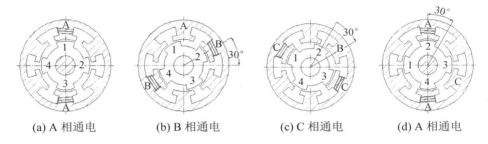

(a) A 相通电　　　　(b) B 相通电　　　　(c) C 相通电　　　　(d) A 相通电

图 5-21　四转子齿反应式步进电动机 A→B→C→A 三相单三拍

显然，当对 A、B、C 绕组按 A→B→C→A 顺序轮流通电时，磁场沿 A→B→C 方向转动 360°，而转子沿 A→B→C 方向转动一个齿距位置。对图 5-21 而言，转子的齿数为 4，故齿距为 90°，则转子转动了 90°。

因为将对每一相绕组通电的操作称为"一拍"，则 A、B、C 三相绕组轮流通电需要三拍。从上面分析可知，电机转子转动一个齿距需要三拍操作。实际上，电机每一拍都转一个角度，也就是前进了一步，即步距角 θ。用公式表示则为

$$\theta = \frac{2\pi}{NZ_R} \text{ 或 } \theta = \frac{360°}{NZ_R} \tag{5-5}$$

式中：Z_R——转子齿数；

N——转子转过一个齿距的运行拍数。

对于 $Z_R = 4$，采用三拍方式，其步距角为

$$\theta = \frac{360°}{NZ_R} = \frac{360°}{3 \times 4} = 30°$$

总结一下这种工作方式，因三相绕组中每次只有一相通电，而且一个循环周期共包括三个脉冲，所以被称为"三相单三拍"；每来一个电脉冲，转子转过 30°，即步距角为 $\theta = 30°$；转子的旋转方向取决于三相线圈通电的顺序，改变通电顺序即可改变转向。

(2) 三相单双六拍：三相绕组的通电顺序为 A→AB→B→BC→C→CA→A，共六拍，如图 5-22 所示。

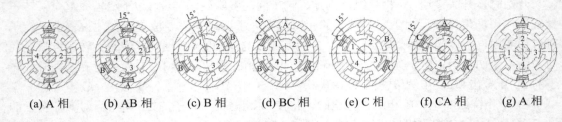

(a) A 相　　(b) AB 相　　(c) B 相　　(d) BC 相　　(e) C 相　　(f) CA 相　　(g) A 相

图 5-22　四转子齿反应式步进电动机 A→AB→B→BC→C→CA→A 三相单双六拍

工作过程如下。

① A 相通电：转子 1、3 齿和 A 相对齐。

② A、B 相同时通电：B 相磁场对 2、4 齿有磁拉力，该拉力使转子逆时针方向转动，同时 A 相磁场继续对 1、3 齿有拉力，因此，转子转到两磁拉力平衡的位置上。相对 A 相单独通电，转子转 15°。

③ B 相通电，转子 2、4 齿和 B 相对齐，又转了 15°。

④ B、C 相同时通电：C 相磁场对 1、3 齿有磁拉力，该拉力使转子逆时针方向转动，同时 B 相磁场继续对 2、4 齿有拉力，因此，转子转到两磁拉力平衡的位置上。相对 B 相单独通电，转子又转了 15°。

总之，每个循环周期有六种通电状态，所以被称为"三相六拍"，步距角为 15°。

(3) 三相双三拍：定子通电顺序为 AB→BC→CA→AB，如图 5-23 所示，每通入一个电脉冲，转子也是转 $\theta = 30°$。

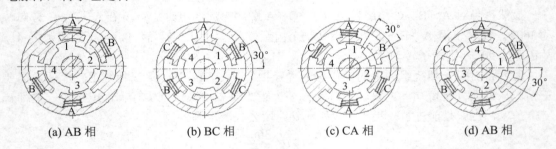

(a) AB 相　　　　(b) BC 相　　　　(c) CA 相　　　　(d) AB 相

图 5-23　四转子齿反应式步进电动机 AB→BC→CA→AB 三相双三拍

以上三种工作方式中，三相双三拍和三相单双六拍较三相单三拍稳定，因此较常采用。例如双三拍时，转子在每一步的平衡点受到两个相反方面的转矩而平衡，振荡弱，稳定性好。

以上这种结构形式的反应式步进电动机的步距角较大，常常满足不了系统精度的要求。因此，大多数情况下采用的是如图 5-24 所示的定子磁极上带有小齿、转子齿数很多的反应式结构，其步距角可以做得很小。下面进一步说明它的工作原理。

图 5-24 所示的是一种最常见的小步距角的三相反应式步进电动机，定子每个极面上有 5 个齿，转子上均匀分布 40 个齿，定、转子的齿宽和齿距都相同。

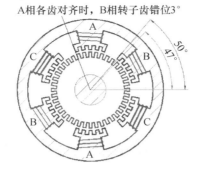

A相各齿对齐时，B相转子齿错位3°

图 5-24　三相反应式步进电动机

当 A 相控制绕组通电时，转子受到反应转矩的作用，使转子齿的轴线和定子 A 极下齿的轴线对齐。因转子上共有 40 个齿，其齿距角为 $\frac{360°}{40}=9°$。定子每个极距所占的齿数为 $\frac{40}{6}=6\frac{2}{3}$，不是整数，如图 5-25 所示，因此，当定子 A 相极下定转子齿对齐时，定子 B 相极和 C 相极下的齿和转子齿依次有 $\frac{1}{3}$ 齿距的错位，即 3°。同样，当 A 相断电、B 相控制绕组通电时，在反应转矩的作用下，转子按逆时针方向转过 3°，使转子齿的轴线和定子 B 相极下齿的轴线对齐，这时定子 C 相极和 A 相极下的齿和转子齿又依次错开 $\frac{1}{3}$ 齿距。以此类推，若继续按单三拍的顺序通电，转子就按逆时针方向一步一步地转动，步距角为 3°。当然，改变通电顺序，即按 A、C、B、A，电机按顺时针方向转动。

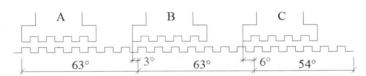

图 5-25　定、转子展开图，A 相通电

若采用三相单、双六拍的通电方式运行，和前面分析的道理完全一样，步距角也减小一半为 1.5°。

通过上面的分析，可以得出以下内容。

① 控制输入给步进电动机的脉冲数目，可以控制步进电动机的角位移 ϕ。

$$\phi = N_p\theta \tag{5-6}$$

式中：N_p——脉冲数目。

② 控制输入给步进电动机的脉冲的频率，可以控制步进电动机的转速。

③ 控制步进电动机定子绕组的通电顺序，可以控制步进电动机的转动方向。

由此可见，增加拍数和转子的齿数可以减小步距角，有利于提高控制精度；增加电机的相数可以增加拍数，也可以减小步距角，但相数越多，电源及电机的结构越复杂，造价也越高。反应式步进电动机一般做到六相，个别的也有八相或更多相。增加转子的齿数是减小步进电动机步距角的一个有效途径，目前所使用的步进电动机转子的齿数一般很多。对相同相数的步进电动机，既可采用单拍方式，也可采用单双拍方式。因此同一台电机可有两个步距角，如 $\dfrac{3°}{1.5°}$、$\dfrac{1.5°}{0.75°}$、$\dfrac{1.2°}{0.6°}$ 等。

对永磁 PM 型步进电动机，转子采用多磁极的圆筒形的永磁钢，在其外侧配置齿状定子，用转子和定子之间的吸引力和排斥力产生转动。

5.4 步进电动机的运行特性及性能指标

5.4.1 分辨率

转子齿数越多，步距角 θ_{se} 越小；定子相数越多，步距角 θ_{se} 越小；通电方式的节拍越多，步距角 θ_{se} 越小。步距角越小，分辨率越好，系统的定位精度越高；为此，可将节拍系数纳入计算步距角的公式来计算步距角。

$$\theta_{se} = \frac{360°}{KNZ_R} \tag{5-7}$$

式中：K ——节拍系数，单拍 $K=1$，双拍 $K=2$，单、双相轮流通电方式；

  N ——转子转过一个齿距的运行拍数，即电机经过 N 步转过一个齿距；

  Z_R ——转子齿数。

5.4.2 静态特性

1. 静转矩

当步进电动机某相通电时，转子处于不动状态，此时在电机轴上加一个负载转矩，转子就按一定方向转过一个角度 θ_e(失调角)，此时转子所受的电磁转矩 M 即为"静态转矩"。

2. 矩角特性

步进电动机的一相或几相控制绕组通入直流电流，且不改变它的通电状态，这时转子将固定于某一平衡位置上保持不动，这被称为"静止状态"(简称"静态")。在空载情况下，转子的平衡位置被称为"初始稳定平衡位置"，静态时的反应转矩被称为"静转矩"(T)，在理想空载时静转矩为零。当有扰动作用时，转子偏离初始稳定平衡位置，偏离的电角度 θ_e 被称为"失调角"。静转矩与转子失调角的关系即 $T = f(\theta)$，被称为"矩角特性"。

反应式步进电动机的转子转过一个齿距，从磁路情况来看变化了一个周期。因此，转子一个齿距所对应的电角度为 2π 电弧度或 $360°$ 电角度。

设静转矩 T 和失调角 θ_e 从右向左为正。当失调角 $\theta_e = 0$ 时，定、转子齿的轴线重合，静转矩 $T = 0$，如图 5-26(a)所示；当 $\theta_e > 0$ 时，切向磁拉力使转子向右移动，静转矩 $T < 0$，如图 5-26(b)所示；当 $\theta_e < 0$ 时，切向磁拉力使转子向左移动，静转矩 $T > 0$，如图 5-26(c)所示；当 $\theta = \pi$ 时，定子齿与转子槽正好相对，转子齿受到定子相邻两个齿磁拉力的作用，但大小相等、方向相反，产生的静转矩为零，即 $T = 0$，如图 5-26(d)所示。

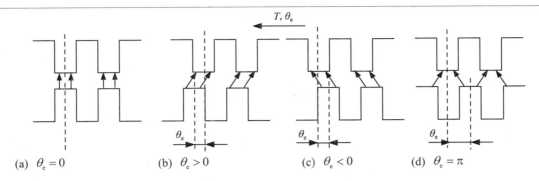

图 5-26 静转矩与转子位置的关系

步进电动机的矩角特性如图 5-27 所示，理想的矩角特性是一个正弦波。在矩角特性正弦波上，$\theta_e = 0$ 是理想的稳定平衡位置，因为此时若有外力矩干扰，使转子偏离它的稳定平衡位置，只要偏离的角度为 $-\pi \sim +\pi$，一旦干扰消失，电机的转子在静转矩的作用下，将自动恢复到 $\theta_e = 0$ 这一位置，从而消除失调角。当 $\theta_e = \pm\pi$ 时，虽然此时 T 也等于零，但是如果有外力矩的干扰，使转子偏离该位置，当干扰消失时，转子回不到原来的位置，而是在静转矩的作用下稳定到 $\theta_e = 0$ 或 $\theta_e = 2\pi$ 的位置上。因此，$\theta_e = \pm\pi$ 为不稳定平衡位置。$-\pi \sim +\pi$ 的区域被称为"静态稳定区"，在这一区域内，当转子转轴上的负载转矩与静转矩相平衡时，转子能稳定在某一位置，当负载转矩消失时，转子又能回到初始稳定平衡位置。

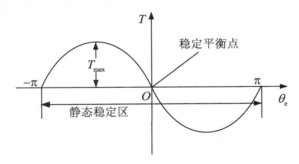

图 5-27 步进电动机的矩角特性

当一相绕组通电时，$\theta_e = \pm 90°$ 有最大静转矩 T_{max}。静态转矩越大，静态误差就越小。

3. 启动频率

在一定负载转矩下，电机不失步地正常启动所能加的最高控制脉冲的频率被称为"启动频率"，也被称为"突跳频率"。它的大小与电机本身的参数、负载转矩、转动惯量及电源条件等因素有关。它是衡量步进电动机快速性的重要技术指标。步进电动机带负载下的启动频率要比空载启动频率低，并随负载增加而进一步降低。

要提高启动频率，可从以下几方面考虑：增加电机的相数、运行的拍数和转子的齿数；增大最大静转矩，减小电机的负载和转动惯量；减小电路的时间常数；减小电机内部或外部的阻尼转矩等。

4．连续运行的最高工作频率

步进电动机在一定负载转矩下不失步连续运行的最高频率被称为"电机的连续运行频率"，其值越高，电机转速越高，这是步进电动机的一个重要技术指标。连续运行频率不仅随负载转矩的增加而下降，而且更主要的是受控制绕组时间常数的影响。在负载转矩一定时，为了提高连续运行频率，通常采用的方法是：第一，在控制绕组中串入电阻，并相应提高电源电压，这样可以减小电路的时间常数，使控制绕组的电流迅速上升；第二，采用高低压驱动电路，提高脉冲起始部分的电压，改善电流波形的前沿，使控制绕组中的电流快速上升。此外，转动惯量对连续运行频率也有一定的影响。因为随着转动惯量的增加，摩擦力矩也相应增大，转子会跟不上磁场变化的速度，最后因超出动态稳定区而失步或产生振荡，从而限制连续运行的频率。

最高工作频率决定了定子绕组通电状态下最高变化的频率，即决定了步进电动机的最高转速。

5．加减速特性

如果在加速或减速的时候，控制频率变化大于步进电动机的相应频率变化，步进电动机就会失步，失步会导致步进电动机停转，从而影响系统的正常工作，因此，在步进电动机变速运行中，必须进行正确的加减速控制。

步进电动机由静止到工作频率和由工作频率到静止的加减速过程中，定子绕组通电状态的变化频率与时间的关系如图 5-28 所示。

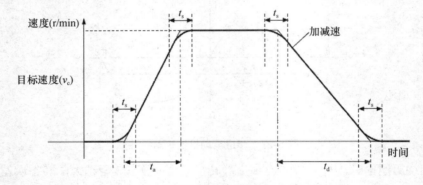

图 5-28　一种梯形步进电动机的加减速曲线

图 5-28 为一种梯形步进电动机的加减速曲线，t_a 为加速时间，t_d 为减速时间，t_s 为过渡时间。为了平稳过渡梯形的四角，可采用曲线进行过渡，如正弦、指数曲线。

6．矩频特性与动态转矩

矩频特性：描述步进电动机连续稳定运行时，输出转矩 T 与连续运行频率 f 之间的关系。

动态转矩：矩频特性曲线上每个频率对应的转矩。

步进电动机进行单步运行时的最大允许负载转矩为 T_{max}，但当控制脉冲的频率逐渐增加，步进电动机的转速逐渐升高时，步进电动机所能带动的负载使转矩值逐步下降，也就是说，电机转动时所产生的电磁转矩是随频率的升高而减小的。矩频特性是一条随频率增加而电磁转矩下降的曲线，如图 5-29 所示。

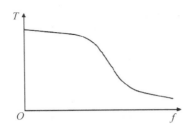

图 5-29 步进电动机的矩频特性

控制脉冲频率升高、电磁转矩下降的主要原因是控制绕组呈电感性，因为它具有延缓电流变化的作用。通常外加脉冲电压都是矩形波，当控制脉冲频率较低时，每相绕组通电和断电的时间较长，绕组中电流的上升和下降均能达到稳定值，其波形接近于矩形波。在通电时间内电流的平均值较大，电机产生的平均转矩也较大。当脉冲频率升高，由于电路的时间常数不变，电流的波形与矩形波差别较大，通电时间内电流的平均值下降，电机产生的平均转矩减小。当脉冲频率进一步升高，电流的平均值进一步下降，使平均转矩进一步减小。此外，随着脉冲频率上升，转子转速升高，在控制绕组中将产生附加旋转电动势并形成附加电流，使电机受到电磁阻尼的作用，致使电机的电磁转矩进一步减小。当脉冲频率上升到一定数值后，电机便带不动任何负载，电机轻则会失步，重则会停转，在使用中应注意。

5.4.3 动态特性

动态特性主要指动态稳定区、启动转矩、矩频特性、惯频特性等参数。

1. 动态稳定区

动态稳定区是指在步进电动机从 A 相转换为 B(或 AB)相通电，不产生失步时的稳定工作区域。从图 5-30 中可以得出，步进电动机工作的拍数越多，稳定工作区域越接近静态稳定工作区域，越不容易失步。

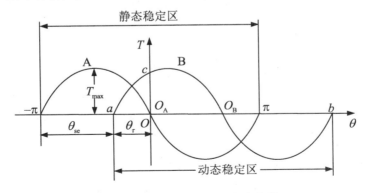

图 5-30 步进电动机的动态稳定区

当 A 相控制绕组通电时，矩角特性如图 5-30 中的曲线 A 所示。若步进电动机为理想空载，则转子处于稳定平衡点 O_A 处。如果将 A 相通电改变为 B 相通电，那么矩角特性应向前移动一个步距角 θ_{se}，变为曲线 B，O_B 点为新的稳定平衡点。由于在改变通电状态的初瞬转子位置来不及改变，还处于 $\theta = 0$ 的位置，对应的电磁转矩却由 0 突变为 T_c，曲线 B 上的 c 点。电机在该转矩的作用下，转子向新的稳定平衡位置移动，直至到达 O_B 点为止。对应它的静态稳定区为 $-\pi + \theta_{se} < \theta < \pi + \theta_{se}$，即改变通电状态的瞬间，只要转子在这个区域内就能趋向新的稳定平衡位置。因此，把后一个通电相的静态稳定区称为前一个通电相的动态稳定区，把初始稳定平衡点 O_A 与动态稳定区的边界点 a 之间的距离称为"稳定裕度"，可用 θ_r 表示。拍数越多，步距角越小，动态稳定区越接近静态稳定区，稳定裕度越大，运行的稳定性越好，转子从原来的稳定平衡点到达新的稳定平衡点的时间越短，能够响应的频率也就越高。

2. 启动转矩和最大负载转矩的确定

步进电动机带恒定负载时的负载转矩为 T_{L1}，且 $T_{L1} < T_{st}$。若 A 相控制绕组通电，则转子的稳定平衡位置为图 5-31(a)中曲线 A 上的 O_A' 点，这一点的电磁转矩正好与负载转矩相平衡。当输入一个控制脉冲信号时，通电状态由 A 相改变为 B 相，矩角特性变为曲线 B，在改变通电状态的瞬间，电机产生的电磁转矩 T_a' 大于负载转矩 T_{L1}，电机在该转矩的作用下转过一个步距角到达新的稳定平衡点 O_B'。

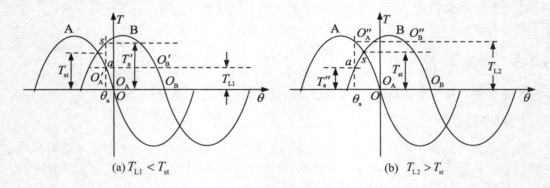

(a) $T_{L1} < T_{st}$ (b) $T_{L2} > T_{st}$

图 5-31 最大负载转矩的确定

如果负载转矩增大为 T_{L2}，且 $T_{L2} > T_{st}$，如图 5-31(b)所示，则初始平衡位置为 O_A'' 点，但在改变通电状态的瞬间，电机产生的电磁转矩为 T_a''，由于 $T_a'' < T_{L2}$，所以转子不能到达新的稳定平衡位置 O_B'' 点，而是向失调角 θ_e 增大的方向滑动，电机不能带动负载进行步进运行，这时步进电动机实际上处于失控状态。由此可见，只有负载转矩小于相邻两个矩角特性交点 s 所对应的电磁转矩 T_{st} 才能保证电机正常的步进运行。T_{st} 被称为"最大负载转矩"，也被称为"启动转矩"，当然它比最大静转矩 T_{max} 要小。

3. 启动的矩频特性

当电机带着一定的负载转矩启动时，作用在电机转子上的加速转矩为电磁转矩与负载转矩之差。负载转矩越大，加速转矩就越小，电机就越不容易启动，其启动的脉冲频率就越低。在转动惯量 J 为常数时，启动频率 f_{st} 和负载转矩 T_L 之间的关系为

$$f_{st} = f(T_L) \tag{5-8}$$

这一关系被称为"启动的矩频特性"，如图 5-32 所示。

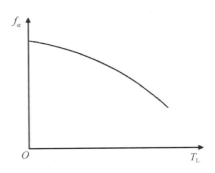

图 5-32 步进电动机的启动的矩频特性

4. 启动的惯频特性

在负载转矩一定时，转动惯量越大，转子速度的增加越慢，启动频率也越低。启动频率 f_{st} 和转动惯量 J 之间的关系为

$$f_{st} = f(J) \tag{5-9}$$

这一关系被称为启动的惯频特性，如图 5-33 所示。

要提高启动频率，可从以下几方面考虑：①增加电机的相数、运行的拍数和转子的齿数；②增大最大静转矩；③减小电机的负载和转动惯量；④减小电路的时间常数；⑤减小电机内部或外部的阻尼转矩等。

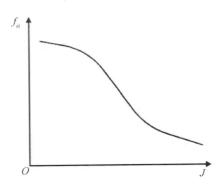

图 5-33 步进电动机的启动的惯频特性

5.5 步进电动机的控制电路及驱动控制器

5.5.1 步进电动机的控制电路

步进电动机的驱动电路主要由脉冲分配器和功率放大器两部分组成，如图 5-34 所示。变频控制信号主要有脉冲信号和方向信号。

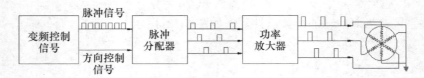

图 5-34　步进电动机驱动电路的组成

变频控制信号：将计算机发出的从几赫兹到几万赫兹的频率信号转变为连续可调的脉冲信号。

环形脉冲分配器的作用：使电机绕组的通电顺序按一定规律变化。

功率放大器的作用：将从环形脉冲分配器输出的毫安级的电流放大到可以驱动步进电动机运转的电流。

环形脉冲分配器有：①软件分频，充分利用计算机资源降低硬件成本，可适用多相脉冲分配，但将占用计算机的运行时间，影响步进电动机的运行速度。②硬件分频，采用 IC 集成电路分频(DDT 分频器)，灵活性强，可搭接成任意通电顺序的环形分配器，不占用计算机的运行时间。③专用环形分频器，使用方便，接口简单，专业化生产质量可靠，成本低等。专用环形分频器有很多种，如 CH250 三相绕组分频器(如图 5-35 所示)，L297 和 PMM8714 两相绕组分频器，PMM8713 五相绕组电机分频器等。

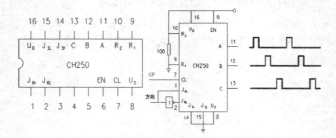

图 5-35　CH250 三相绕组分频器

5.5.2　功率放大器

功率放大器是实现控制信号与步进电动机匹配的重要组件。常见的步进电动机功率放大器的组成与特点如下。

1. 单电压功率放大电路

图 5-36(a)所示为一相控制绕组驱动电路的原理图，当有控制脉冲信号输入时，功率管 V 导通，控制绕组中有电流流过；否则功率管 V 关断，控制绕组中没有电流流过。

为了减小控制绕组电路的时间常数，提高步进电动机的动态转矩，改善运行性能，在控制绕组中串联电阻 R_{f1} 同时也起限流作用。电阻两端并联电容 C 的作用是改善注入步进电动机控制绕组中电流脉冲的前沿，在功率管 V 导通的瞬间，由于电容上的电压不能跃变，电容 C 相当于将电阻 R 短接，使控制绕组中的电流迅速上升，这样就使得电流波形的前沿明显变陡。如果电容 C 选择不当，在低频段会使振荡有所增加，引起低频性能变差。由于功率管 V 由导通状态突然变为关断状态时，在控制绕组中会产生很高的电动势，其极性与电源的极性一致，二者叠加在一起作用到功率管 V 的集电极上，很容易使功率管击穿，为此并联一个二极管 D 及其串联电阻 R_{f2}，形成放电回路，限制功率管 V 集电极上的电压，保护功率管 V。

单电压驱动方式的最大特点是：线路简单，功率元件少，成本低。它的缺点是：由于电阻 R_{f1} 要消耗能量使得工作效率低，所以这种驱动方式只适用小功率，转速要求不高的小型步进电动机控制的驱动。

图 3-36(b)为三相单电压功率放大电路。

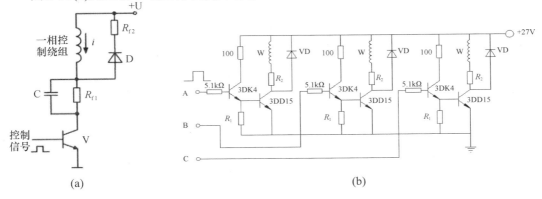

图 5-36 单电压功率放大电路

2. 高低压功率放大电路

高低压驱动电路原理如图 5-37 所示。当输入控制脉冲信号时功率管 V_1、V_2 导通，低压电源由于二极管承受反向电压，处于截止状态不起作用。高压电源加在控制绕组上，控制绕组中的电流迅速上升，使电流波形的前沿很陡，当电流上升到额定值或稍比额定值高时，利用定时电路或电流检测电路，使功率管 V_1 关断，V_2 仍然导通，二极管 D_1 也由截止变为导通，控制绕组由低压电源供电维持其额定稳态电流。当输入信号为零时，功率管 V_2 截止，控制绕组中的电流通过二极管 D_2 的续流作用向高压电源放电，绕组中的电流迅速减小。电阻 R_{f1} 的阻值很小，是为了调节控制绕组中的电流，使各相电流平衡。这种驱动方式的特点是电源功耗比较小，效率比较高。由于电流的波形得到了很大的改善，所以电机的矩频特性好，启动和运行频率得到了很大的提高。它的主要缺点是，在低频运行时，输入能量过大，造成电机低频振荡加重，同时也增大了电源的容量。由于提高了电源电压，也提高了对功率管性能参数的要求。这种驱动方式常被用于大功率步进电动机的驱动。

特点：具有高压驱动，电流增长速度快，电流波形的前沿变陡，电机的扭矩和频率得到提高，其余时间仅接通低压电源供电；功效高，高速运转性能好，但波形陡导致有时存在过冲现象，谐波丰富，在低速运转时易产生振动。

3. 恒流源功率放大电路

恒流源功率放大电路如图 5-38 所示。当单片机控制引脚 P1.0 输出为低电平时，U1 光耦的接收管导通，使三极管 T_1 (3DK2)的基极为低电平，由于 T_1 截止，T_2 的基极通过 R_3，为高电平，使 T_2 及 T_3 (3DD15)组成的达林顿复合管导通；电流由电源正端流经电机绕组

W 及达林顿管，再流经由 PNP 型大功率管 T_4 (2955)组成的恒流源，流向电源负端。电流的大小取决于恒流源的恒流值，当发射极电阻 R_6 减小时，恒流值增大；当发射极电阻 R_6 增大时，恒流值减小。由于恒流源的动态电阻很大，故绕组可在较低的电压下取得较高的电流上升率。

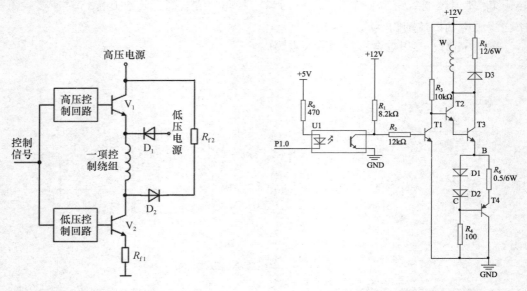

图 5-37　高低压功率放大电路　　　　　　图 5-38　恒流源功率放大电路

恒流源功率放大电路的特点是，在较低的电压上有一定的上升率，因而可被用在较高频率的驱动上。由于电源电压较低，功耗会减小，而效率有所提高。但由于恒流源管工作在放大区，恒流源管压降较大，功耗很大，故必须注意对恒流源管采用较大的散热片散热。

图 5-38 中电路恒流的原因是，由于二极管 D_1 和 D_2 的正向压降钳位作用，电路中 B、C 两点间的电压为一定值，大功率管 T_4 (2955)的发射结电压也为一定值，因此，加在发射极电阻 R_6 上的电压不变，相当于一个二极管的压降保持不变，流经发射极电阻 R_6 上的电流也不变，从而起到恒流作用。

5.5.3　细分驱动

一般步进电动机受制造工艺的限制，它的步距角是有限的，而实际中的某些系统往往要求步进电动机的步距角必须很小，才能达到加工工艺的要求。例如，数控机床为了提高加工精度，要求脉冲当量达到 0.01mm/脉冲左右，甚至要求达到 0.001mm/脉冲左右，这时一般的驱动方式是无能为力的，为此常采用细分驱动方式。所谓细分驱动方式，就是把原来的一步再细分成若干步，使步进电动机的转动近似为匀速运动，并能在任何位置停步。为达到这一目的，可将原来的矩形脉冲电流改为阶梯波电流。如图 5-39 所示，这样在输入电流的每个阶梯，电机转动一步，步距角就减小很多，从而提高了电机运行的平滑性，改善了低频特性，负载能力也有所增加。

采用细分驱动电路的目的：在整步运转或半步运转的基础上，不改变步进电动机的结构，提高步进电动机的运转、控制精度。

　　细分驱动电路的特点：在不改变电动机结构参数的情况下，能使步距角减少；细分后的步距角精度不高，功率驱动电路也相应复杂。

　　细分驱动电路的方法与器件：采用多路功率开关器件，将开关的控制脉冲信号进行叠加。

　　例如，3HB2208 步进电动机驱动器，如图 5-40 所示，是基于 DSP 控制的三相混合式步进电动机驱动器。它是将先进的 DSP 控制芯片和三相逆变驱动模块结合在一起所构成的新一代数字步进电动机驱动器，驱动电压为 AC 110～220V，适配电流在 7.0A 以下，包括外径 57～130mm 的各种型号，定位精度最高可达 60000 步/转。该产品被广泛应用于雕刻机、中型数控机床、电脑绣花机、包装机械等分辨率较高的大、中型数控设备上。

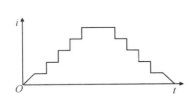

图 5-39　阶梯波电流的波形

图 5-40　3HB2208 步进电动机驱动器

　　3HB2208 步进电动机驱动器的特点如下。

　　(1) 设有 16 档等角度恒力矩细分，最高分辨率可达 60000 步/转。

　　(2) 最高反应频率可达 200kpps。

　　(3) 步进脉冲停止超过 1.5s 时，线圈电流自动减到设定电流的一半。

　　(4) 光电隔离信号输入/输出。

　　(5) 驱动电流 1.2～7.0A/相，分 16 挡可调。

　　(6) 单电源输入，电压范围：AC 110～220V。

　　(7) 相位记忆功能。

　　3HB2208 步进电动机驱动器的细分由驱动器上的 DIP-2 端子设定，共 16 挡(分别为400，500，600，800，1000，1200，2000，3000，4000，5000，6000，10000，12000，20000，30000 和 60000)，由六位拨码开关的前四位分别设定(后两位为功能设定)。

5.5.4　步进电动机的微机控制

　　步进电动机的微机控制有串行控制方式和并行控制方式。

　　串行控制：具有串行控制功能的单片机系统与步进电动机驱动电源之间具有较少的连线。在这种步进电动机控制系统中，驱动电源内必须含有环形分配器，其功能框图如图 5-41(a)所示。

　　并行控制：用微机系统的数条端口线直接控制步进电动机各相驱动电路的方法，被称为"并行控制"。在驱动电源内不包含环形分配器，其功能必须由微机系统实现。微机系统实现环形分配器的功能有两种方法：纯软件方法，软、硬件相结合的方法。并行控制方式的功能框图如图 5-41(b)所示，其结构简单，若环形分配功能由软件编程实现，则速度较慢。

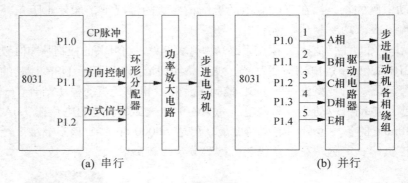

图 5-41　步进电动机的微机控制

5.5.5　步进电动机的加、减速控制

控制步进电动机的运行速度，实际上就是控制系统发出脉冲的频率或者换相的周期。

系统可以用两种方法确定脉冲的周期(频率)，即软件延时和定时器。软件延时方法是通过调用延时子程序来实现的，它占用 CPU 时间；定时器方法是通过设置定时时间常数来实现的。

步进电动机的加、减速控制：在点—位控制过程中，运行速度需要有一个"升速—恒速—减速—低恒速—停止"的加、减速过程。点—位控制的加、减速过程如图 5-42 所示。

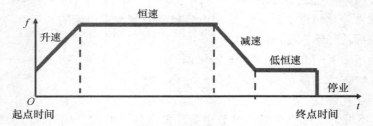

图 5-42　点—位控制的加、减速过程

实际上，选好了步进电动机，通常也就把步进电动机的配套驱动器选好了，因此，可以直接用上位机(包括可编程逻辑控制器、嵌入式微处理器控制器或计算机)与步进电动机驱动器相连，从而实现控制。如图 5-12 所示的步进电动机及其驱动器。

如图 5-43 所示为五相混合式步进电动机及其驱动器，控制机采用 5 条信号线与驱动器相连，包括 3 条输入信号(即脉冲输入信号、方向输入信号、脱机输入信号)，两条输出信号(即零位输出信号和故障输出信号)。因为是五相步进电动机，所以驱动器与步进电动机相连采用了 A、B、C、D 和 E 共 5 条线。驱动器本身为交流 80V 供电(不是特别方便)，若采用市电交流 220V 供电，需按照功率要求，采用变压器将电压变为 80V。

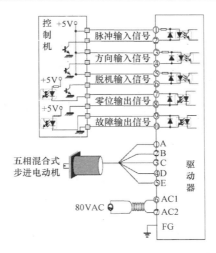

图 5-43 五相混合式步进电动机及其驱动器

5.6 伺服电动机及其驱动

5.6.1 直流(DC)伺服电动机的工作原理

直流伺服电动机是伺服系统中使用最早，也是应用最广的执行元件。直流伺服电动机的基本结构和工作原理与普通直流电机基本相同，不同之处在于前者结构做得比较细长一些，惯量小一些，以便能满足快速响应的要求，以及达到灵敏性、线性度、控制功耗和动静态控制性能等的指标。在性能要求较高的系统中多采用直流伺服电动机。

应用最早的是小惯量直流伺服电动机(20 世纪 60 年代研制)，其特点是转子转动惯量小，反应灵敏，动态特性好，适用于高速且负载惯量较小的场合；否则，为了使惯量匹配，得到合理的比值，以达到电机所要求的灵敏度、快速性，而增设机械传动装置，将增加成本且使调整变得麻烦。

20 世纪 70 年代，大惯量宽调速直流伺服电动机研制成功。由于在结构上采取了一些措施，提高了转矩，改善了动态特性，该直流伺服电动机既具有一般直流电机的各项优点，又具有小惯量直流伺服电动机的快速响应性能，同时易与较大惯性负载匹配，较好地满足了伺服系统的要求，因而在机电一体化产品中(如数控机床、工业机器人等)得到了广泛应用，特别是在闭环伺服系统中应用广泛。

直流伺服电动机的种类：直流伺服电动机有永磁式、他激式、串激式和并激式几种。永磁式和他激式直流伺服电动机具有线性的机械特性，良好的启动、制动和调速性能，特别适合伺服驱动。

直流伺服电动机驱动系统包括直流伺服电动机、直流电源及控制驱动电路等几大部分。此处只对直流伺服电动机的机械特性和动特性进行分析，以掌握直流伺服电动机驱动的原理及特点，以便在选择驱动类型时做出决策。

直流电机和直流伺服电动机的区别如下。

直流伺服电动机是有反馈的控制系统，它是直流供电，有编码器反馈速度和位置信号，有良好的动态性能；直流电机没有反馈信号，不能形成闭合回路。

直流伺服电动机是永磁转子的，用直流脉冲电压信号驱动。给直流伺服电动机加一个恒定电压，它只能转动一个很小的角度，要在它的几相定子线圈中按一定的顺序加上直流脉冲，才能使它按要求转动一定的角度，这与一般的直流电机是完全不同的。

直流伺服电动机可以根据输入的信号按照一定的速度转动一定的角度；而直流电机只能在通电的时候转动，而且断电后还有一定的惯性。

通过电刷和转换器产生的整流作用，使磁场磁动势和电枢电流磁动势正交，从而产生转动力矩。使用直流供电实现对速度和方向的调节控制，主要是通过对直流电压/电流的大小和方向进行调节来实现的。

直流伺服电动机就是一台他励直流电动机。对直流伺服电动机的控制，其核心是对转速的控制。通过图 5-44 可得如下转速公式。

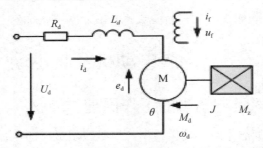

图 5-44　直流伺服电动机的结构原理图

$$n = \frac{U_d - i_d R_d}{C_e \varPhi} \tag{5-10}$$

式中：U_d——电枢电压；

　　　$\varPhi$——励磁磁通；

　　　R_d——回路电阻；

　　　i_d——回路电流；

　　　C_e——电机常数。

因此，直流伺服电动机的控制方式如下。

(1) 调压调速：变电枢电压 U_d，恒转矩调速。

励磁磁通保持不变，改变电枢绕组的控制电压。当电动机的负载转矩不变时，升高电枢电压，电机的转速升高；反之，转速降低。电枢电压等于零时，电机不转；电枢电压改变极性时，电机反转。这种方法具有启动力矩大、阻尼效果好、响应速度快、线性度好等优点，应用较多。

(2) 调磁调速：变励磁电流，可改变励磁磁通 $\varPhi$，恒功率调速。

电枢电压 U_d 保持不变，改变励磁回路的电压 u_f。若电动机的负载转矩不变，当升高励磁电压 u_f 时，励磁电流 i_f 增加，主磁通增加，电机的转速降低；反之，转速升高。改变励磁电压 u_f 的极性，电机的转向随之改变。尽管磁场控制也可达到控制转速大小和旋转方向的目的，但励磁电流 i_f 和主磁通之间是非线性关系，且随着励磁电压 u_f 的减小，其机械特性变软，调节特性也是非线性的，故少用。这种调速方式的调速范围小，而且会使电机的机械特性变软，一般只作为变电枢电压调速的辅助方式。

(3) 改变电枢回路电阻 R_{d} 调速。

当负载一定时，随着串入的外接电阻 R_{w} 的增大，电枢回路总电阻 $R = R_{\mathrm{w}} + R_{\mathrm{d}}$ 增大，电动机的转速降低。R_{w} 的改变可用接触器或主令开关切换来实现。这种调速方法为有级调速，调速比一般约为 $2:1$，转速变化率大，轻载下很难得到低速，效率低，在电枢回路中串入电阻来进行调速，将引起电机的机械特性变软，功耗增大，故现在已极少采用。

直流伺服电动机的特点：具有较高的响应速度、精度和频率，优良的控制特性，等等；由于所用电刷和换向器的使用寿命较低，需要定期更换。

5.6.2　直流(DC)伺服电动机的驱动

要对直流电动机的速度和方向进行调节，通常可用两种驱动控制方式：①晶体管直流脉宽调制驱动；②晶闸管直流脉宽调速驱动。

如图 5-45 所示为晶体管直流脉宽调制电路。给定电压 U，由脉冲信号 U_{d} 控制晶体管 VT 的通断，从而使直流电动机得到脉冲驱动信号。改变每一个周期 T 的通电时间 t，可改变直流电动机的平均工作电压 U_{a}，从而达到调速的目的。

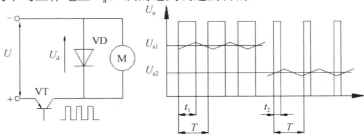

图 5-45　晶体管直流脉宽调制电路

若改变供电压和续流二极管的极性，则可改变直流电动机的转向。

直流电动机的方向控制电路如图 5-46 所示。例如，当晶体管 VT1 和 VT3 导通时，流过电动机的电流方向为 d 点到 b 点，为正转；当晶体管 VT2 和 VT4 导通时，流过电动机的电流方向为 b 点到 d 点，为反转。

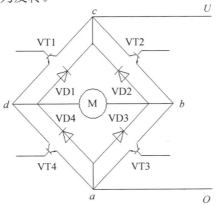

图 5-46　直流电动机的方向控制电路

5.6.3　常用交流伺服电动机

虽然直流伺服电动机具有优良的调速性能，但直流伺服电动机的电刷和换向器容易磨损，需要经常维护；换向器换向时会产生火花而使最高转速受到限制，进而使应用环境受到限制；直流伺服电动机的结构复杂，制造困难，成本高。自 20 世纪 80 年代中期以来，以交流伺服电动机作为驱动元件的交流伺服系统得到迅速发展，有逐渐代替直流伺服电动机的趋势。

交流伺服电动机一般有两种，即笼型异步交流伺服电动机和同步交流伺服电动机。笼型异步交流伺服电动机的原理结构与笼型异步交流电动机是一样的，区别在于笼型异步交流伺服电动机的输出量可调，即输入电压、电流或频率具有可控性。同步交流伺服电动机的情况与笼型异步交流伺服电动机十分相似。

常用同步交流伺服电动机有永磁同步型(SM)和电磁感应型(IM)。

数控机床进给伺服系统中多采用永磁同步交流伺服电动机。

永磁同步交流伺服电动机的特点如下。

(1) 优点：结构简单，运行可靠，效率较高，调速方便。

它的转速与所接电源的频率之间存在一种严格关系，因此可以得到与频率成正比的可变速度，并且可以得到非常硬的机械特性及较宽的调速范围。

(2) 缺点：体积较大，启动较困难。

常用交流伺服电动机的基本工作原理如下。

如图 5-47 所示为两相交流伺服电动机的结构图，其实就是一台两相交流异步电机。它的定子上装有空间互差90°的两个绕组：励磁绕组和控制绕组。

永磁同步型(SM)：转子由永磁构成，不需要磁化控制电流，只需检测磁铁转子位置和定子绕组磁通矢量控制电流，实现对电机主磁通矢量电流的控制，从而获得对电机速度和位置的控制。检测交流伺服电动机气隙磁场的大小和方向，用电力电子转化器代替整流子和电刷，通过控制与气隙磁场方向相同的磁化电流和与气隙磁场方向相垂直的等效电流的方法，最终控制交流伺服电动机主磁通量的大小和转矩，从而实现对电机的有效控制，这被简称为"矢量控制方法"。

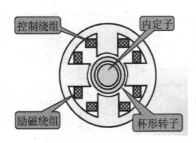

图 5-47　两相交流伺服电动机的结构图

如图 5-48 所示为常用永磁同步交流伺服电动机(SM)的控制电路。SM 为同步电机，控制电路由整流器(CONV.)、再生电力吸收电路(P.B.U.)、逆变电路(INV.)、磁极位置检测器(PS)、速度变换器(RD)、速度基准(REF)、速度放大器(SC)、电流函数发生器(IFG)、电流放大器(CC)和脉宽调制器(PWM)等组成。

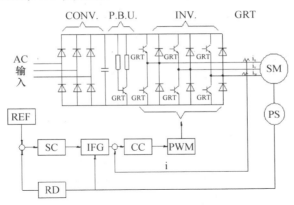

图 5-48　交流伺服电动机永磁(SM)的控制电路

如图 5-49 所示为电磁感应型同步交流伺服电动机的控制电路。控制电路由整流器(CONV.)、再生电力吸收电路(P.B.U.)和逆变电路(INV.)的组成。

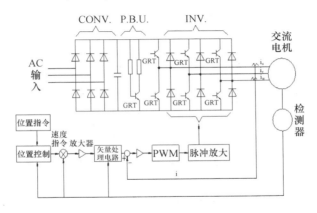

图 5-49　交流伺服电动机电磁感应(IM)控制电路

复习思考题

一、选择题

1. 各种机电产品和装置都是为完成某一任务或达到某种特定目标而制造的，但直接参与调节以及完成动作指令的是(　　　　)。

  A. 执行元件　　　　B. 传感器　　　　　　C. 通信　　　　　　D. 齿轮

2. 电动执行元件以(　　　)作为动力，并把电能转变成位移或转角，以实现对被控对象的调整和控制。

  A. 太阳能　　　　　B. 热能　　　　　　　C. 风能　　　　　　D. 电能

3. 液压执行元件是将压缩液体的能量转换为机械能，拖动负载实现直线或回转运动，做功介质可以用水，但大多用(　　　)。

  A. 气　　　　　　　B. 电　　　　　　　　C. 油　　　　　　　D. 水

4. 由于气动执行元件是用气体作为介质，可压缩性大，精度较差，传输速度低，不能在定位精度要求较(　　　)的场合使用。

        A. 高   B. 低   C. 差   D. 一般

5. 步进电动机的步距角有误差，转子转过一定步数以后也会出现累积误差，但转子转过一转以后，其累积误差为(　　　)。

        A. 很多   B. 2   C. 1   D. 0

6. 反应式步进电动机的转子转过一个齿距，从磁路情况来看变化了一个周期，因此，转子一个齿距所对应的电角度为(　　　)电弧度。

        A. 2π B. π C. $\pi/2$ D. $\pi/4$

7. 步进电动机转动时所产生的电磁转矩是随频率的升高而(　　　)。

        A. 升高   B. 减小   C. 不变   D. 不清楚

8. 步进电动机控制脉冲频率升高、电磁转矩下降的主要原因是控制绕组呈(　　　)性，因为它具有延缓电流变化的作用。

        A. 电阻   B. 电容   C. 电感   D. 不清楚

二、填空题

1. 执行元件是处于(　　　　)与(　　　　)的接点部位的能量转换部件。

2. 执行元件的种类繁多，通常按推动执行元件工作的能源形式分为 3 种：(　　　　)、(　　　　)和(　　　　)。

3. 伺服系统属自动控制系统的一类，它的输出变量通常是(　　　　)的运动，根本任务是实现执行机构对给定指令的准确跟踪，即实现输出变量的某种状态能够自动、连续、精确地复现输入指令信号的变化规律。

4. 伺服系统可以这样定义，以移动部件的(　　　　)作为控制量的自动控制系统。

5. 伺服电动机的基本控制方式包括(　　　　)、(　　　　)和(　　　　)3 种。

6. 闭环系统的位置检测元件被直接安装在工作台上，没有(　　　　)环节，检测装置测出实际位移量或者实际所处位置，并将测量值反馈给计算机装置，与指令进行比较，求得差值，依此构成闭环位置控制，直到差值为零。

7. 半闭环控制系统的伺服机构所能达到的精度、速度和动态特性优于开环控制系统的伺服机构，为大多数(　　　　)型数控机床所采用。

8. 步进电动机转子的角位移大小及转速分别与输入的(　　　　)及其频率成正比。

9. 步进电动机的种类很多，按运动方式分为(　　　　)步进电动机和直线步进电动机。

10. 控制输入给步进电动机的脉冲的(　　　　)，可以控制步进电动机的转速。

11. 控制步进电动机定子绕组的通电(　　　　)，可以控制步进电动机的转动方向。

12. 增加步进电动机的拍数和转子的(　　　　)，可以减小步距角，有利于提高控制精度。

13. 直流伺服电动机具有较高的(　　　　)速度、精度和频率，以及优良的控制性等优点。

14. 步进电动机的各相绕组必须按(　　　　)通电，才能正常工作。

15. 步进电动机的步距角有误差，转子转过一定的步数以后也会出现累积误差，但转子转过(　　　　)，其累积误差为零。

16. 步进电动机输出转角的精度高，虽有相邻误差，但无(　　　　)误差。

17. 步进电动机在启动加速和制动减速时，由于负载惯性会引起失步，因此，步进电动机运行时应有一个(　　　)过程。

18. 伺服驱动单元有(　　　)、气动、(　　　)等多种类型。机电一体化产品中多数采用(　　　)电机、(　　　)电机。

19. 步进电动机定子绕组的通电状态每改变一次，它的转子便转过一个确定的角度，即步进电动机的(　　　)角。改变步进电动机定子绕组的通电顺序，转子的(　　　)也随之改变。

20. 转子(　　　)越多，步距角 θ 越小；定子(　　　)越多，步距角 θ 越小；通电方式的(　　　)越多，步距角 θ 越小。

21. 如果在升速或减速的时候，控制频率变化(　　　)步进电动机的响应频率变化，步进电动机就会失步，失步会导致步进电动机停转，经常会影响系统的正常工作。

22. 步进电动机的驱动电路主要由(　　　)和(　　　)两部分组成。

23. 步进电动机的功率放大器是实现(　　　)信号与步进电动机匹配的重要组件。

24. 直流伺服电动机就是一台他励直流电动机。对直流伺服电动机的控制，其核心是对(　　　)的控制。

三、简答题

1. 执行元件是什么？

2. 机电系统对执行元件提出了哪些基本要求？

3. 简要说明步进电动机的节拍。

4. 试分析影响直流伺服电动机的因素。

5. 比较直流伺服电动机和交流伺服电动机的适用环境差别。

6. 机电一体化系统的伺服驱动有哪几种形式？各有什么特点？

7. 简要说明步进电动机的矩角特性。

8. 简要说明直流电动机伺服驱动系统的组成。

9. 直流电机和直流伺服电动机有什么区别？

10. 简要说明直流伺服电动机的控制方式。

11. 试分析影响交流伺服电动机的因素。

四、综合题

1. 如图 5-50 为经济型数控车床 z 轴的进给系统。该系统通常采用步进电动机驱动滚珠丝杠，带动装有刀架的拖板做直线往复运动，其中工作台即拖板；与电机相连的为小齿轮，与丝杠相连的为大齿轮，小齿轮的直径 $d_1 = 40\mathrm{mm}$，大齿轮的直径 $d_2 = 50\mathrm{mm}$。假设丝杠总长 $l = 1400\mathrm{mm}$，丝杠的导程 $s = 6\mathrm{mm}$，步进电动机的步距角为 $0.72°$。

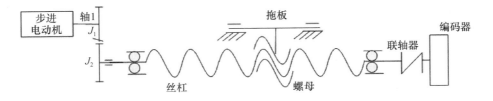

图 5-50　经济型数控车床 z 轴的进给系统

(1) 托板移动123mm，步进电动机应送多少个脉冲。

(2) 采用单片机控制，双脉冲的控制方式，编写拖板移动123mm的程序。

(3) 为避免拖板向左或向右移动到极限位置，应如何增加保护控制装置？

2. 有一脉冲电源，通过环形分配器将脉冲分配给五相十拍通电的步进电动机定子励磁绕组，测得步进电动机的转速为 100r/min，已知转子有 24 个齿，求：

(1) 步进电动机的步距角。

(2) 脉冲电源的频率。

3. 设计一步进电动机的开环控制系统，已知系统的脉冲当量为 0.01mm，采用步进电动机直接联丝杠的驱动方式，丝杠的螺距为 6mm。试问：

(1) 步进电动机的步距角选多大为佳？

(2) 当采用五相十拍的混合步进电动机时，如果要使工作台的移动速度达到 2m/min，步进电动机的运行频率是多少？

第6章 机电参数的相互匹配

学习要点及目标

- 了解机电一体化系统装备对伺服系统的要求。
- 重点掌握机电一体化系统惯量的折算与匹配要求，包括联动回转体与直线运动的惯量折算。
- 掌握机电一体化系统的转动等效负载转矩和直线移动等效负载转矩等的计算。
- 了解容量匹配和速度匹配的建议。

6.1 机电一体化系统装备对伺服系统的要求

伺服系统：由控制器、功率放大器、执行元件、机械部件、检测装置组成，形成一个闭环的控制系统。高稳定性是机电一体化系统装备正常工作的先决条件；快速性是配合控制计算机的快速需要；高精度则是机电一体化系统装备工作的需要。

机电伺服系统是典型的机电一体化系统，其设计过程是机电参数相互匹配(即机电有机结合)的过程。

位置伺服控制和速度伺服控制：其共同点是系统执行元件直接或通过传动系统驱动被控对象，从而完成所需要的机械运动。

如何设计伺服系统？

(1) 了解被控对象的特点和对系统的具体要求。

(2) 调研并制订出系统的初步设计方案，包括元部件的种类、各部分之间的连接方式、控制方式、所需能源、校正补偿，以及信号转换方式。

初步设计方案确定之后，就要进行定量的分析计算，即静态设计计算和动态设计计算。

稳态设计计算包括如下方面。

(1) 输出的运动参数能否达到技术要求。

(2) 执行元件的参数选择。

(3) 功率匹配及过载能力验算。

(4) 控制电路设计、信号有效传递、增益分配、阻抗匹配和抗干扰措施。

动态设计计算主要是设计校正补偿装置，使系统满足动态技术指标，可借助计算机仿真或计算机辅助设计。

与普通装备相比，伺服系统的动力方法设计是在一般机械设计基础上进行的，其目的是确定伺服电动机的型号，以及电动机与机械系统的参数是否相互匹配，通常不计算控制器的参数和动态性能指标，因此，这种方法属于静态设计范畴。

伺服电动机与机械负载的匹配主要是指如下方面。

(1) 惯量匹配。

(2) 容量匹配。

(3) 速度匹配。

6.2 惯 量 分 析

被控对象(负载)的运动形式如下。

(1) 旋转机械。

(2) 直线运动。

(3) 间歇运动。

典型负载包括如下方面。

(1) 惯性负载。

(2) 外力负载。

(3) 弹性负载。

(4) 摩擦负载。

惯量分析包括旋转机械与直线运动的机械惯量的计算，其方法是：按照能量守恒定律，通过等效换算，采用等效转动惯量来表示。

所谓"惯量等效"，是指将伺服系统中运动物体的惯量折算到驱动轴(或指定的轴)上的等效转动惯量。

如图 6-1 所示为一伺服电动机及一维滑台，伺服电动机通过联轴器带动滚珠丝杠旋转，进而驱动工作台左右移动。考虑到与选择的伺服电动机的惯量匹配，可以将工作台及丝杠转轴等惯量折算到电动机主轴 n 上。

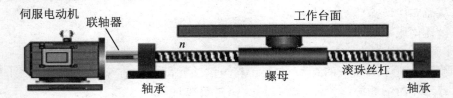

图 6-1 工作台驱动系统

6.2.1 联动回转体的等效转动惯量的折算

在机电一体化系统中，经常使用齿轮副、皮带轮及其他回转运动的零件来传动，传动时要进行加速、减速、停止等控制。在一般情况下，选用电动机轴为控制轴，因此，整个装置的转动惯量要换算到电动机轴上。

当选用其他轴作为控制轴时，应对特定的轴求等效转动惯量，计算方法是相同的。

如图 6-2 所示，轴 1 为电动机轴，轴 2 为齿轮轴，它们的转速分别为 $\omega_1(n_1)$ 和 $\omega_2(n_2)$，轴 1、小齿轮及电动机转子对轴 1 的转动惯量为 J_1，轴 2、大齿轮及负载对轴 2 的转动惯量为 J_2。

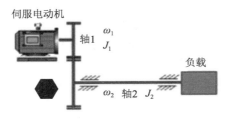

图 6-2　负载及轴的等效转动惯量的折算

因此，轴 1、轴 2 的动能 E_1、E_2 为

$$E_1 = \frac{1}{2}J_1\omega_1^2 \tag{6-1}$$

$$E_2 = \frac{1}{2}J_2\omega_2^2 \tag{6-2}$$

设 J_{21} 为轴 2 折算到轴 1 的等效转动惯量，根据能量守恒定理，可得

$$E_2 = \frac{1}{2}J_2\omega_2^2 = \frac{1}{2}J_{21}\omega_1^2 \tag{6-3}$$

$$J_{21} = J_2\frac{\omega_2^2}{\omega_1^2} \tag{6-4}$$

推广到一般多轴传动系统，设各轴的转速分别为 n_1，n_2，$\cdots$，n_k，各轴的转动惯量分别为 J_1，J_2，$\cdots$，J_k，则所有的轴对轴 1 的等效转动惯量 J_e 为

$$
\begin{aligned}
J_e &= J_1 + J_2\frac{\omega_2^2}{\omega_1^2} + J_3\frac{\omega_3^2}{\omega_1^2} + \cdots J_k\frac{\omega_k^2}{\omega_1^2} \\
&= J_1 + J_2\frac{n_2^2}{n_1^2} + J_3\frac{n_3^2}{n_1^2} + \cdots J_k\frac{n_k^2}{n_1^2} \\
&= \sum_{i=1}^{k} J_i\frac{n_i^2}{n_1^2} \\
&= \sum_{i=1}^{k} J_i\left(\frac{n_i}{n_1}\right)^2
\end{aligned}
\tag{6-5}
$$

6.2.2　直线运动的惯量折算

在机电一体化系统中，机械装置不仅有做回转运动的部件，还有做直线运动的部件。转动惯量虽然是对回转运动提出的概念，但从本质上说，它是表示惯性的一个量。直线运动也是有惯性的，通过适当的变换，也可以借用转动惯量来表示它的惯性。

如图 6-3 所示为伺服电动机通过丝杠驱动进给工作台，现在求该工作台对特定的控制轴(如电动机轴)的等效转动惯量。

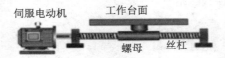

图 6-3　工作台面直线运动的惯量折算

设 m 为工作台面的质量，υ 为工作台面的移动速度，J_e 为工作台面 m 对电动机轴的等效转动惯量，$\omega_1(n_1)$ 为电动机轴的转速(r / min)，则直线运动工作台的动能为

$$E = \frac{1}{2}m\upsilon^2 \tag{6-6}$$

同样，根据能量守恒定理，可得

$$E = \frac{1}{2}m\upsilon^2 = \frac{1}{2}J_e\omega_1^2 = \frac{1}{2}J_e\left(\frac{2\pi n_1}{60}\right)^2 \tag{6-7}$$

则移动工作台面折算到电动机轴上的等效转动惯量为

$$J_e = \frac{900m\upsilon^2}{\pi^2 n_1^2} \tag{6-8}$$

推广到一般多轴传动系统，设有 k 个直线运动的物体，由一个轴驱动，各物体的质量分别为 m_1，m_2，$\cdots$，m_k，各物体的速度分别为 υ_1，υ_2，$\cdots$，υ_k，控制轴的转速为 n_1，则等效转动惯量 J_e 为

$$\begin{aligned} J_e &= \frac{900}{\pi^2}\left[m_1\left(\frac{\upsilon_1}{n_1}\right)^2 + m_2\left(\frac{\upsilon_2}{n_1}\right)^2 + \ldots + m_k\left(\frac{\upsilon_k}{n_1}\right)^2\right] \\ &= \frac{900}{\pi^2}\sum_{i=1}^{k}m_i\left(\frac{\upsilon_i}{n_1}\right)^2 \end{aligned} \tag{6-9}$$

综合以上两种情况，就可以得到回转—直线运动装置的等效转动惯量对特定的控制轴(如电动机轴)的整个装置的等效转动惯量的折算公式：

$$J_e = \sum_{i=1}^{k}J_i\left(\frac{n_i}{n_1}\right)^2 + \frac{900}{\pi^2}\sum_{i=1}^{k'}m_i\left(\frac{\upsilon_i}{n_1}\right)^2 \tag{6-10}$$

式中：k ——构成装置的回转运动部件的个数；

$\quad\quad k'$ ——构成装置的直线运动部件的个数。

得到对特定的控制轴(如电动机轴)的整个装置的等效转动惯量的折算公式：

$$J_e = \sum_{i=1}^{k}J_i\left(\frac{n_i}{n_1}\right)^2 + \frac{1}{4\pi^2}\sum_{i=1}^{k'}m\left(\frac{\upsilon_i}{n_1}\right)^2 \tag{6-11}$$

如图 6-4 所示为经济型数控车床 z 轴的进给系统。采用步进电动机驱动滚珠丝杠，带动装有刀架的拖板做直线往复运动。其中，工作台即拖板，假设拖板的重量 $W = 2000\text{N}$，滚珠丝杠的名义直径 $d_0 = 32\text{mm}$，滚珠丝杠的总长 $l = 14000\text{mm}$，滚珠丝杠的导程 $s = 6\text{mm}$，已知钢的密度 $\rho = 7.85 \times 10^{-3}(\text{kg}/\text{cm}^3)$；与电动机相连的为小齿轮，与滚珠丝杠相连的为大齿轮，小齿轮的直径 $d_1 = 40\text{mm}$，小齿轮的宽度 $b_1 = 12\text{mm}$，大齿轮的直径 $d_2 = 50\text{mm}$，大齿轮的宽度 $b_2 = 10\text{mm}$，材料均为钢。试将各转动惯量折算到电动机主轴上。

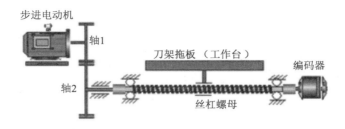

图 6-4　经济型数控车床 z 轴的进给系统

解： 设圆柱体的直径为 d，长度为 l，密度为 ρ，则其转动惯量 $J = \dfrac{\pi d^4 l p}{32}$。

(1) 滚珠丝杠的转动惯量 J_{sp}：

$$J_{sp} = \frac{\pi d_0^4 l \rho}{32} = \frac{\pi \times 32^4 \times 140 \times 7.85 \times 10^{-3}}{32} = 11.31(\mathrm{N \cdot cm \cdot s^2})$$

(2) 拖板的转动惯量 J_w。

因为 $E = \dfrac{1}{2} m \upsilon^2 = \dfrac{1}{2} J_w \omega_1^2$，可得

$$J_w = \frac{w}{g}\left(\frac{\upsilon}{\omega}\right)^2 = \frac{w}{g}\left(\frac{sn \cdot 60}{2\pi n \cdot 60}\right)^2 = \frac{w}{g}\left(\frac{s}{2\pi}\right)^2 = \frac{2000}{980}\left(\frac{0.6}{2\pi}\right)^2 = 0.0186(\mathrm{N \cdot cm \cdot s^2})$$

(3) 小齿轮的转动惯量 J_1：

$$J_1 = \frac{\pi d_1^4 b_1 \rho}{32} = \frac{\pi \times 4^4 \times 1.2 \times 7.8 \times 10^{-3}}{32} = 0.235(\mathrm{N \cdot cm \cdot s^2})$$

(4) 大齿轮的转动惯量 J_2：

$$J_2 = \frac{\pi d_2^4 b_2 \rho}{32} = \frac{\pi \times 5^4 \times 1.0 \times 7.8 \times 10^{-3}}{32} = 0.482(\mathrm{N \cdot cm \cdot s^2})$$

(5) 总的转动惯量。

齿轮传动比 i 为

$$i = \frac{d_2}{d_1} = \frac{50}{40} = 1.25$$

则

$$J = J_1 + \frac{J_2 + J_w + J_{sp}}{i^2} = 0.235 + \frac{0.482 + 0.0186 + 11.31}{1.25^2} = 7.794(\mathrm{N \cdot cm \cdot s^2})$$

答： 各转动惯量折算到电动机主轴上为 $7.794\mathrm{N \cdot cm \cdot s^2}$。

6.2.3　惯量的合理匹配

负载惯量 J_L 的大小对电动机的灵敏度、系统精度和动态性能等控制特性有明显的影响。在一个伺服系统中，负载惯量 J_L 和电动机的惯量 J_m 必须合理匹配。

例如，负载惯量增加时可能出现以下问题：指令变化后，电动机需要较长的时间达到新指令指定的速度。若机床沿着两个轴高速运动加工圆弧等曲线，则会造成较大的加工误差。负载惯量小于或等于电动机的惯量时，不会出现这类问题。

一般建议如下。

若负载惯量为电动机惯量的 3 倍以上，控制特性就会降低。实际上，这对普通金属加工机床的工作影响不大，但是如果是加工木制品或是高速加工曲线轨迹，则建议负载惯量要小于或等于电动机的惯量。

如果负载惯量比 3 倍的电动机惯量大得多，控制特性将会大大降低。此时，电动机的特性需要特殊调整，使用中应避免这样大的负载惯量。

衡量机械系统的动态特性时，惯量越小，系统的动态特性反应越好；惯量越大，马达的负载也就越大，越难控制，但机械系统的惯量要和马达的惯量相匹配。不同的机构对惯量匹配原则有不同的选择，且有不同的作用表现。不同的机构动作及加工质量大多要求负载惯量和电动机惯量的比值小于 10 以内。

一句话，惯性匹配需要根据机械的工艺特点及加工质量要求来确定。对于基础金属切削机床的伺服电动机来说，一般建议负载惯量应小于电动机惯量的1/5。

建议 1：由于步进电动机的启动矩频特性曲线是在空载下做出的，检查其启动能力时应考虑惯性负载对启动频率的影响，即根据启动惯频特性曲线找出带惯性负载的启动频率，然后再查其启动转矩和计算启动时间。

建议 2：当在启动惯矩特性曲线上查不到带惯性负载时的最大启动频率时，可用式(6-12)近似计算：

$$f_{\mathrm{L}} = \frac{f_{\mathrm{m}}}{\sqrt{1 + \dfrac{J_{\mathrm{L}}}{J_{\mathrm{m}}}}} \tag{6-12}$$

式中：J_{L}——折算到电动机轴上的转动惯量；

J_{m}——电动机轴转子的转动惯量；

f_{m}——电动机空载最大启动频率；

f_{L}——带惯性负载时最大启动频率。

建议 3：为了使步进电动机具有良好的启动能力及较快的响应速度，通常推荐(对于惯性小的伺服电动机也推荐)按式(6-13)进行计算：

$$\frac{J_{\mathrm{L}}}{J_{\mathrm{m}}} \leqslant 4 \tag{6-13}$$

建议 4：小惯量直流伺服电动机，指 $J_{\mathrm{m}} \approx 5 \times 10^{-3}\,\mathrm{kg \cdot m^2}$，当 $\dfrac{J_{\mathrm{L}}}{J_{\mathrm{m}}} \geqslant 3$ 时对电动机的灵敏度和响应时间有很大的影响，甚至使伺服放大器不能在正常调节范围内工作。

需要说明的是，小惯量电动机的惯量比大，机械时间常数小，加速能力强，所以其动态性能好，响应快。但是使用小惯量电动机容易发生对电源频率的响应共振，当存在间隙、死区时容易造成振荡和蠕动，在数控机床伺服进给系统中一般采用大惯量电动机。

建议 5：对于大惯量直流伺服电动机 $J_{\mathrm{m}} \approx 0.1 \sim 0.6\,\mathrm{kg \cdot m^2}$：建议按式(6-14)取

$$0.25 \leqslant \frac{J_{\mathrm{L}}}{J_{\mathrm{m}}} \leqslant 4 \tag{6-14}$$

说明：大惯量宽调速直流伺服电动机的特点是转矩大，能在低速下提供额定转矩，常常不需要传动装置而与滚珠丝杠等直接相连接，而且受惯性负载的影响小，调速范围大；热时间常数有的长达 100min，比小惯量电动机的热时间常数 2～3min 长得多，并允许长

时间的过载；转矩—惯量比高于普通电动机而低于小惯量电动机，其快速性在使用上已经足够。

6.3　容量匹配和速度匹配

6.3.1　一般说明

在选择伺服电动机时，要根据电动机的负载大小确定伺服电动机的容量，即，使电动机的额定转矩与被驱动的机械系统的负载相匹配。若选择容量偏小的电动机，则可能在工作中出现带不动的现象，或电动机发热严重，导致电动机寿命缩短。反之，电动机容量过大，则浪费了电动机的"能力"，并相应提高了成本。在进行容量匹配时，对于不同种类的伺服电动机其匹配方法也不同。

6.3.2　等效负载转矩的计算

在机械运动与控制中，根据转矩的性质，将其分为驱动转矩 T_m、负载转矩 T_L、摩擦力矩 T_f 和动态转矩 T_a (惯性转矩)，则驱动转矩 T_m 为负载转矩 T_L、摩擦力矩 T_f 和动态转矩 T_a 之和。

$$T_m = T_L + T_f + T_a \tag{6-15}$$

考虑到机械效率，则为

$$T_m = \frac{T_L + T_f + T_a}{\eta} \tag{6-16}$$

6.3.3　转动等效负载转矩的计算

在伺服系统的设计中，转矩的匹配都是对特定轴(一般都是电动机轴)的。对特定轴的转矩被称为"等效转矩"，其等效原则依据能量守恒定理。如图 6-5 所示，在单位时间内，轴 2 负载力矩 T_{L2} 所做的功与轴 1 等效负载力矩 T_{L21}(下标表示轴 2 折算到轴 1)所做的功是相等的，其功为

$$E = T\varphi = T_{L2} \frac{2\pi n_2}{60} = T_{L21} \frac{2\pi n_1}{60}$$

则等效负载力矩为

$$T_{L21} = T_{L2} \frac{n_2}{n_1} \tag{6-17}$$

设 T_{Lj} 为任意轴 j 上的负载力矩，T_{Le} 为对控制轴上的等效力矩，n_j 为任意轴 j 上的转速，k 为负载轴的个数，则

$$T_{Le} = T_{L1}\left(\frac{n_1}{n_1}\right) + T_{L2}\left(\frac{n_2}{n_1}\right) + \ldots + T_{Lk}\left(\frac{n_k}{n_1}\right) = \sum_{j=1}^{k} T_{Lj}\left(\frac{n_j}{n_1}\right) \tag{6-18}$$

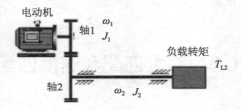

图 6-5　负载力矩折算

6.3.4　直线移动等效负载转矩的计算

设 F_i 为移动负载 i 物体上的负载力，v_i 为其移动速度，T_e 为该移动物体折算到特定轴上的等效负载转矩，同样根据能量守恒定理，可得

$$T_e = \frac{F_i v_i}{n_1} \tag{6-19}$$

设 k' 为移动负载个数，则总的等效负载转矩为

$$T_{Le} = \sum_{i=1}^{k'} \frac{F_i v_i}{n_1} \tag{6-20}$$

采用工程单位，若系统含有 k' 个移动负载，k 个转动负载，可得总的负载转矩折算公式为

$$T_e = \sum_{i=1}^{k'} \frac{F_i v_i}{n_1} + \sum_{i=1}^{k} T_{Lj} \left(\frac{n_j}{n_1} \right) \tag{6-21}$$

6.3.5　等效摩擦转矩 T_{fe} 的计算

理论上等效摩擦力矩可以进行比较精确的计算，但由于摩擦力矩的计算比较复杂(摩擦力矩与摩擦系数有关，而摩擦系数在不同的条件下不为常值，表现出一定的非线性，往往是被估算出来的)，所以在实践中等效摩擦力矩常根据机械效率进行近似的估算。

$$T_{fe} = T_{Lj} \left(\frac{1}{\eta} - 1 \right) \tag{6-22}$$

式中：T_{Lj} ——任意轴 j 上的负载力矩；

η ——负载力矩的机械效率。

6.3.6　等效惯性转矩 T_{ae} 的计算

电动机在变速时需要一定的加速力矩，加速力矩的计算与电动机的加速形式有关。

$$T_{ae} = J_L \frac{d\omega}{dt} \tag{6-23}$$

式中：J_L ——折算到电动机轴上的等效转动惯量；

ω ——电动机轴角速度；

T_{ae} ——等效惯性转矩。

6.3.7 容量匹配的建议

步进电动机的容量匹配比较简单，通常推荐

$$T_{L\Sigma} \leqslant T_q \tag{6-24}$$

式中：$T_{L\Sigma}$——工作过程中电动机轴所受的最大等效负载力矩；

T_q——电动机的启动或制动转矩。

6.3.8 速度匹配的建议

同样功率的电动机，额定转速高则电动机的尺寸小、重量轻，根据等效转动惯量计算公式，可得

$$J_e = \sum_{i=1}^{k} J_i \left(\frac{n_i}{n_1}\right)^2 + \frac{900}{\pi^2} \sum_{i=1}^{k'} m_i \left(\frac{v_i}{n_1}\right)^2$$

则等效负载的计算公式为

$$T_e = \sum_{i=1}^{k'} \frac{F_i v_1}{n_1} + \sum_{j=1}^{k} T_{Lj} \left(\frac{n_j}{n_1}\right)$$

可知，电动机的转速(n_1)越高，传动比越大，这对于减小伺服电动机的等效转动惯量、提高电动机的负载能力有利。因此，在实际应用中电动机常工作在高转速、低扭矩的状态。

但是，一般机电一体化系统的机械装置工作在低转速、高扭矩的状态，所以在伺服电动机与机械装置之间需要减速器匹配，某种程度上伺服电动机与机械负载的速度匹配就是减速器的设计问题。

减速器的减速比不可过大，也不能太小。减速比太小，对于减小伺服电动机的等效转动惯量、有效提高电动机的负载能力不利；减速比过大，则减速器的齿隙、弹性变形、传动误差等势必影响系统的性能，精密减速器的制造成本也比较高。

因此，应根据系统的实际情况，在对负载分析的基础上合理地选择减速器的减速比。

复习思考题

一、选择题

1. 在机械传动系统中，用于加速惯性负载的驱动力矩为( )。

　　A. 电动机力矩　　　　　　　　　　B. 负载力矩

　　C. 折算负载力矩　　　　　　　　　D. 电动机力矩与折算负载力矩之差

2. 齿轮传动的总等效惯量随传动级数( )。

　　A. 增加而减小　　B. 增加而增加　　C. 减小而减小　　D. 变化而不变

二、填空题

1. 伺服电动机与机械负载的匹配主要是指( )、( )和( )。

2. 机电伺服系统是典型的机电一体化系统，其设计过程是( )参数的相互匹配。

3. 机电系统中被控对象(负载)的运动形式有(   )、(   )和(   )。

4. 机电系统中的典型负载有惯性负载、(   )、(   )和(   )。

5. 等效转动惯量的折算,按照(   )定理。

6. 转动惯量虽然是对回转运动提出的概念,但从本质上说它是表示(   )的一个量。

7. 电动机转速(n_1)越高,传动比越大,这对于减小伺服电动机的等效转动惯量、提高电动机的负载能力有利。因此,在实际应用中电动机常工作在(   )转速、低扭矩的状态。

8. 在选择伺服电动机时,要根据电动机的(   )大小确定伺服电动机的容量。

9. 若选择容量偏小的电动机,则可能在工作中出现(   )的现象,或电动机发热严重,导致电动机寿命缩短。

10. 一般机电系统的机械装置工作在低转速、高扭矩的状态,所以在伺服电动机与机械装置之间需要减速器匹配,某种程度上伺服电动机与机械负载的速度匹配就是(   )的设计问题。

11. 典型负载是指(   )负载、(   )负载、(   )负载和(   )负载。

12. 在伺服系统的设计中,转矩的匹配都是对特定轴(一般都是电动机轴)的,对特定轴的转矩被称为"(   )转矩"。

三、问答题

1. 转动惯量对传动系统有哪些影响?

2. 说明减速比的取舍对机电系统的影响。

四、综合题

如图 6-6 所示,已知移动部件(工作台、夹具、工件)的总质量 $m_A = 400\text{kg}$,电动机转子的转动惯量 $J_m = 4 \times 10^{-5}\text{kg·m}^2$、转速 $n_m = 1200\text{r/min}$,齿轮轴部件 I(包含齿轮)的转动惯量 $J_1 = 5 \times 10^{-4}\text{kg·m}^2$,齿轮轴部件 II(包含齿轮、丝杠、编码器等)的转动惯量 $J_{II} = 5 \times 10^{-4}\text{kg·m}^2$,齿数 $z_1 = 20$、$z_2 = 40$,齿轮的模数 $m = 1\text{mm}$,求等效到电动机主轴上的等效转动惯量 J_{eq}^m。

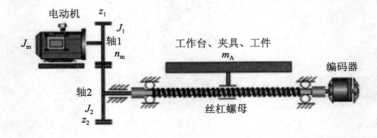

图 6-6 工作台控制系统

第 7 章　自动纠偏及其控制系统

学习要点及目标

- 掌握自动纠偏系统的应用及组成。
- 通过自动纠偏控制系统，掌握上位机 MCGS 的使用及编程方法，以及下位机 STM32 系列微控制器的简单应用，能够绘制自动纠偏控制系统硬件的电路原理图。
- 了解上、下位机常用的 MODBUS 通信协议。
- 能够用 MCGS 组态软件和 Keil arm C 进行程序设计，完成自动控制纠偏过程。

在塑料、橡胶、印刷和钢铁等行业带状物品的卷取、放卷过程中，由于受机械设备安装精度、带材板型不好等各种因素的影响，致使带材在正常工作时，不同程度地存在着跑偏问题，导致无法工作。跑偏对生产过程中的稳定性有很大影响，因此，为保证生产过程的正常运行，需要自动纠偏控制系统，可以说，自动纠偏控制系统是带材生产中的一个重要组成部分。

7.1　自动纠偏的应用、分类、组成

自动纠偏控制系统多采用光电开关信号进行偏移位置检测。目前，根据带材纠偏控制系统的应用场合，大概可以将其分为以下几类。

(1) 电子式控制。

(2) 电子液压式控制。

(3) 气动液压式控制。

当原材料卷筒的体积与重量较大时，通常使用液压式纠偏控制系统；当原材料卷筒的体积与重量较小时，可使用直流机电式纠偏控制系统；质量较轻和较窄物料的纠偏控制多采用电子式控制系统。

纠偏系统的功能如下。

卷材在喷涂、印刷、冲切、层合、分切或者其他卷材卷绕的过程中，需要始终保持卷材侧面的整齐。在处理、加工卷材的时候，需要对偏移的卷材进行及时的纠偏操作，这个过程被称为"纠偏"。

纠偏系统的应用如下。

纠偏系统的应用范围很广，在包装、印刷、标签、建筑材料、纸浆、生活用纸、塑料、成衣、线缆、金属加工、无纺布、瓦楞纸加工、皮带输送等行业或设备上都需要进行纠偏操作；否则，会因发生偏离而导致材料浪费或停工调整。

纠偏系统的组成如下。

典型的纠偏系统包括光电纠偏传感器、光电纠偏控制器和纠偏机械执行机构等。

纠偏系统的工作原理如下。

在物料卷绕的过程中，由光电传感器检测物料边或线的位置，以拾取边或线的位置偏差信号；再将位置偏差信号传递给光电纠偏控制器进行逻辑运算，向纠偏机械执行机构发出控制信号，驱动纠偏机械执行机构修正物料运行时的蛇形偏差，从而保证物料的直线运动。

纠偏系统的主要技术指标(举例说明)如下。

(1) 响应时间：≤50ms。

(2) 检测方式：检边，跟线。

(3) 纠偏方式：单光电传感器/双光电传感器。

(4) 外部接口：手动/自动；向左/向右。

(5) 工作电压：AC 220V±15%，50Hz 或 DC 24V 等。

(6) 显示方式：人机交互界面。

7.2　自动纠偏的工作原理说明

自动纠偏系统总体上包括 3 个部分，即纠偏光电传感器、光电纠偏控制器和纠偏机械执行机构。

光电纠偏传感器可采用工业产品光电眼，也可采用光电开关；纠偏机械执行机构可采用现有产品，如图 7-1 所示为同步电动机驱动丝杠螺母实现的纠偏机械执行机构。如图 7-2 所示为纠偏系统在高速分切机上的应用。在总体设计上，以光电纠偏控制器的硬件和软件为主进行纠偏说明。

图 7-1　采用同步电动机驱动丝杠螺母实现的纠偏机构　　图 7-2　纠偏系统在高速分切机上的应用

纠偏控制器的硬件包括 PLC、嵌入式 CPU 控制板和触摸屏，软件包括 PLC 梯形图、嵌入式 CPU 的 C 语言和触摸屏上的组态软件等。如图 7-3 所示为螺母滚珠丝杠纠偏系统示意图。该纠偏系统可由步进电动机或伺服电动机驱动丝杠旋转，带动螺母(工作台)左右移动，通过左右光电传感器检测带材物料的边缘，最终完成纠偏动作。由图 7-3 可以看出，纠偏系统由传感检测单元、纠偏控制器、纠偏机械执行机构、机械本体和动力源等组成，是典型的机电一体化系统。

光电自动纠偏系统是对物料在传送过程中，如皮带输送、轧钢钢板输送、纸张输送等，水平方向的位置偏移进行控制的系统，具有自动检测、自动跟踪、自动调整等功能，能对纸张、薄膜、不干胶带、铝箔等带材物料的标志线或边缘进行跟踪纠偏，以保证卷绕、分切的整齐。该系统可被用于轻工、纺织、印染、印刷、钢铁、粮食等行业。

纠偏系统按照控制类型可分为以下几类。

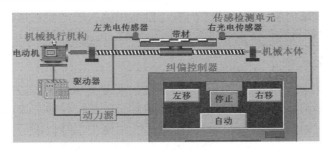

图 7-3　螺母滚珠丝杠纠偏系统示意图

(1) 边缘位置控制型。

(2) 线条位置控制型。

(3) 中心线位置控制型。

根据所用光电眼的数量，可将纠偏系统分为单光电传感器、双光电眼传感器检测等。如图 7-4 所示为单光电传感器边缘位置控制，如图 7-5 所示为双光电传感器边缘位置控制。

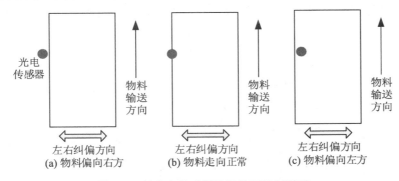

图 7-4　单光电传感器边缘位置控制说明

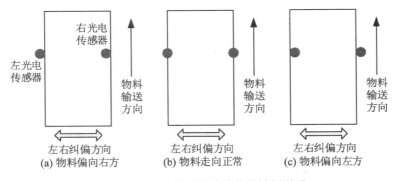

图 7-5　双光电传感器边缘位置控制说明

7.2.1　边缘位置控制型

1. 单光电传感器控制

图 7-4 所示为单光电传感器边缘位置控制，属单光电传感器控制。在图 7-4 中，带材物料边缘的点代表光电传感器的光斑，光电传感器的位置固定不变。图 7-4(a)表明带材物

料在输送过程中向右偏移了一些，自动纠偏系统需要将物料向左进行一个微小位移；图 7-4(c) 表明带材物料在输送过程中向左偏移了一些，自动纠偏系统需要将物料向右进行一个微小位移；图 7-4(b) 表明带材物料在输送过程中走向正常，可不作调整。

2. 双光电传感器控制

如图 7-5 所示为双光电传感器边缘位置控制，属双光电传感器控制。图 7-5(a) 表明物料在输送过程中向右偏移了一些，其中一个传感器光斑在物料的左边，一个传感器光斑在物料的上面，自动纠偏系统需要将物料向左进行一个微小位移；图 7-5(c) 表明带材物料在输送过程中向左偏移了一些，其中一个传感器光斑在物料的右边，一个传感器光斑在物料的上面，自动纠偏系统需要将物料向右进行一个微小位移；图 7-5(b) 表明带材物料在输送过程中走向正常，两个传感器光斑基本在物料的边缘上，可不作调整。

单光电传感器边缘位置控制相对于双光电传感器边缘位置控制可以节省一套光电传感器，成本相对低一些。

对于单光电传感器的边缘检测，设光电传感器设置在物料的左边，如图 7-4(a) 所示，其控制方法如下。

当物料在光电传感器的下方，说明物料走向偏左，光电传感器检测到物料，控制系统将驱动纠偏系统向右移动。

当物料不在光电传感器的下方，说明物料走向偏右，光电传感器检测不到物料，控制系统将驱动纠偏系统向左移动。

也就是说，光电传感器检测到物料，纠偏系统向右移动，光电传感器检测不到物料，纠偏系统向左移动；若光电传感器已在物料的右边，此时光电传感器也检测不到物料，纠偏系统仍向左移动，致使偏移量更大，甚至纠偏系统向左偏移到极限位置，导致起不到纠偏效果，反而有损设备和影响生产。因此，这是单光电传感器纠偏的缺点。

当然，对于单光电传感器的边缘检测纠偏，若输送物料本身的宽度较宽，发生的偏移量很难超过物料的宽度，基本上不会发生上述问题。

7.2.2 线条位置控制型

若输送物料的边缘不齐，则采用边缘位置纠偏难以达到效果，此时可采用线条位置控制型纠偏系统。因为线条本身的宽度有限，对于线条位置的控制应以双光电传感器边缘位置控制为好。所谓线条位置控制，就是在输送的物料上印有可以跟踪的线条，如图 7-6 所示。

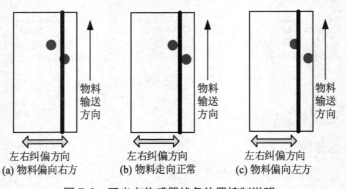

图 7-6 双光电传感器线条位置控制说明

如图 7-6 所示为双光电传感器线条位置控制，属双光电传感器检测。图 7-6(a)表明物料在输送过程中向右偏移了一些，其中一个光斑在物料线条的左方，另一个光斑在物料线条的上面或部分光斑在物料线条的上面，自动纠偏系统需要将物料向左进行一个微小位移；图 7-6(c)表明物料向左偏移了一些，其中一个光斑在物料线条的右方，另一个光斑在物料线条的上面或部分光斑在物料线条的上面，自动纠偏系统需要将物料向右进行一个微小位移；图 7-6(b)表明物料在输送过程中走向正常，两个光斑基本在物料的边缘上，可不作调整。

双光电传感器线条位置控制的原理如下。

开始时，应调整光电传感器正好在线条的两边，如图 7-6(b)所示，以光电传感器送出开关量为例，设无信号低电平(==0，采用 C 语言的判断方式)；有信号高电平==1，则在线条上，光电传感器无信号(==0;)，离开线条，有信号(==1;)。

图 7-6(b)中，两光电传感器均在线条外(都==1;)，纠偏系统可不作调整。

图 7-6(a)中，左光电传感器在线条外(==1;)，右光电传感器在线条上(==0;)，纠偏系统将物料向左进行一个微小位移；在进行一个微小位移后，若左光电传感器仍在线条外(==1;)，右光电传感器仍在线条上(==0;)，纠偏系统将物料继续向左进行一个微小位移；直到两个光电传感器均在线条外，处于图 7-6(b)的位置(都==1;)，纠偏系统可不作调整。

图 7-6(c)中，左光电传感器在线条上(==0;)，右光电传感器在线条外(==1;)，纠偏系统将物料向右进行一个微小位移；进行一个微小位移后，若左光电传感器仍在线条上(==0;)，右光电传感器仍在线条外(==1;)，纠偏系统将物料继续向右进行一个微小位移；直到两个光电传感器均在线条外，处于图 7-6(b)的位置(都==1;)，纠偏系统可不作调整。

若采用单光电传感器，如图 7-7 所示，可以设定光电传感器在线条外，纠偏系统将物料向左进行一个微小位移，在线条上将物料向右进行一个微小位移。然而，若由于某种原因，光电传感器的光斑位置在线条右方时，其控制系统将不能正常控制。另外，当光电传感器正好处于线条边缘的位置(一半压在线条上，一半处于线条外)时，应该不用纠偏，但此时由于没有采用较好的算法，光电传感器输出在 0 或 1 之间变化，纠偏系统仍在进行左右调整，这将影响纠偏系统的使用寿命。

中心线条位置控制最好也采用双光电传感器控制，类似于线条位置控制，在此不再说明。

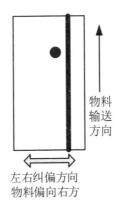

物料
输送
方向

左右纠偏方向
物料偏向右方

图 7-7　单光电传感器线条位置控制说明

7.3　自动纠偏机械执行机构

自动纠偏机械执行机构有以下 3 种类型。

(1) 低速同步电动机+滚珠丝杠。

(2) 步进电动机或伺服电动机+滚珠丝杠。

(3) 液压站+液压缸。

如图 7-8 所示为双光电传感器线条位置控制示意图，其机械执行机构包括电动机、联轴器、滚珠丝杠、与丝杠螺母连接在一起的纠偏导辊，其他辅助单元或器件没有画出，如轴承等器件。图 7-8 中还包括纠偏控制器、光电传感器及电动机驱动器等。

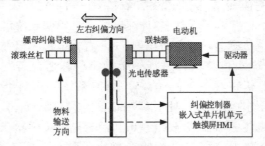

图 7-8　双光电传感器线条位置控制示意图

对图 7-8 中的双光电传感器线条位置控制，其电动机可采用步进电动机或同步电动机。

其工作过程如下：由光电传感器检测位置偏差信号，再将位置偏差信号传送到 PLC 或嵌入式单片机单元(即纠偏控制器)进行运算，进而产生控制信号，使电动机正转或反转，然后由电动机带动滚珠丝杠运动，通过纠偏导辊的左右移动修正物料运行时的蛇形偏差，以控制物料直线运动。

如图 7-9 所示为低速同步电动机与滚珠丝杠形式的纠偏机构，如图 7-10 所示为液压站、液压缸形式的纠偏机构。

图 7-9　低速同步电动机和滚珠丝杠形式的纠偏机构

图 7-10　液压站、液压缸形式纠偏机构

7.4　自动纠偏控制接口电路

从图 7-8 中的双光电传感器线条位置控制示意图可以看出，自动纠偏控制电路总体上

包括三个部分，即光电传感器、纠偏控制器和驱动器，以及纠偏机构等。纠偏控制器还细分为如下内容：光电传感器接口电路、触摸屏 HMI 接口电路、电动机驱动电路等。自动纠偏控制电路原理框图如图 7-11 所示。

7.4.1　光电传感器及其接口电路

光电传感器能够检测出输送物料是否发生偏移，可选用 BZJ-311(NT6)色标光电传感器。

色标光电传感器采用光发射、接收原理，发出调制光，接收被检测物体的反射光，并根据接收光信号的强弱来区分不同物体的色谱、颜色，或判别物体的存在与否。在包装机械、印刷机械、纺织机械及造纸机械的自控系统中作为传感器与其他仪表配套使用，对色标或其他可作为标记的图案色块、线条，或对物体的有无进行检测，可实现自动定位、辨色、纠偏、对版、计数等功能。色标光电传感器的特点是融合光学技术、半导体电子技术、调制解调技术于一体，具有灵敏度高、响应速度快、抗背景光干扰及电磁谐波干扰能力强等特点，而且结构紧凑、外形美观、调试简便、定位准确。

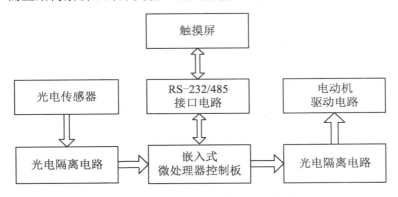

图 7-11　自动纠偏控制电路原理框图

色标光电传感器的基本参数说明如下。

(1) 光源：红、绿、蓝、白。

(2) 输出方式：开关量 NPN / 模拟量 0～10V 两路输出。

(3) 响应时间：50μs。

(4) 检测距离：9mm。

(5) 检测方式：同轴反射式。

(6) 输出电流：< 200mA。

(7) 工作电源：DC 10～30V，80mA。

(8) 保护功能：极性反相保护，负载短路保护，温度自动补偿。

(9) 工作环境：温度为 0～50℃，日照<1000lx。

光电传感器的基本参数说明：

色标光电传感器的光源采用红、绿、蓝、白多种颜色，主要应用于线条位置控制，以提高光源通用性，适应不同颜色的线条。例如，若是红色线条，则采用绿色光源，灵敏度高。

输出方式含开关量 NPN 和模拟量 0～10V 两路输出，目的是提高光源通用性。

如果要输送速度快，则需要光电传感器的响应时间短，通常 50μs 的响应时间能够满足条件。

输出电流< 200mA，通常用 10mA 左右就行，一般用于驱动光电耦合器件。

工作电源为 DC 10～30V、80mA，通常选用工业上常用的 24V 直流开关稳压电源即可满足条件。

保护功能包括极性反相保护、负载短路保护、温度自动补偿，主要是防止现场接错线，导致光电传感器损坏。

工作环境的温度为 0～50℃，日照<1000lx。在使用光电传感器时，受背景光的强度影响较大，尽管采用了调制等形式，但对使用环境还需要有一定的限制。

光电传感器接口电路如下

光电传感器为开关量 NPN 的输出方式，即三线方式，具体如图 7-12 所示。

供电电源：DC 24V 和地线 GND。

信号输出：NPN 管集电极开路输出，也被称为 "OC 门"(open collector output)，特点是有比较大的灌电流能力，可驱动光耦或小型继电器线圈。

当有信号的时候，NPN 管导通；当无信号的时候，NPN 管截止(也有 NPN 管，其输出可能相反，即有信号时 NPN 管截止，无信号时 NPN 管导通)。

为了增强系统的抗干扰能力，拟采用光电隔离器件将光电传感器信号引入 PLC(或单片机)的输入引脚。由于光电传感器的响应时间为 50μs，可采用一般的光电耦合器件(如 TLP521 系列)满足要求。

TLP521 光电耦合器件含有 TLP521-1、TLP521-2 和 TLP521-4 系列，分别为单光耦、双光耦和四光耦，发射管为砷化镓红外发光二极管，提供 4 引脚、8 引脚和 16 引脚塑料 DIP 封装形式。如图 7-13 所示为 TLP521-1 光耦芯片。

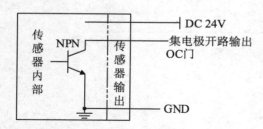

图 7-12　光电传感器输出接口说明

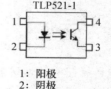

图 7-13　TLP521 系列光电耦合器件引脚图

TLP521 光耦建议的典型参数值如表 7-1 所示。

表 7-1　TLP521 光耦建议的典型参数值

参　　数	符　　号	最　小	典　型	最　大	单　位
电源电压	V_{cc}	—	5	24	V
正向电流	I_F	—	16	25	mA
集电极电流	I_c	—	1	10	mA

图 7-14 为纠偏光电传感器接口电路原理图，其中，Sensor_L 代表光电传感器，三线输出；供电接+24V，地线为 WGND，与单片机的地线 GND 标号有区别，表示采用的两个电源是隔离的。R_1 为限流电阻，主要是为了满足标号为 U1 型号的 TLP521 光电耦合器件发光管的电流要求，计算公式如式(7-1)所示，取发光二极管的电流为 5mA，则

$$R_1 = \frac{V_{CC} - V_D}{I_A} = \frac{24 - 2}{0.005} = 4400\Omega \approx 4.7(k\Omega) \tag{7-1}$$

式中：V_D ——二极管的正向压降，一般为 1.1～2.3V，可近似取为 2V。

I_A ——流过发光二极管的电流值，可取 5mA 左右，实际大于 2mA 基本上就可以了。若电流选得大，则耗散的功率大，若要降低功耗，可尽量选择小一点的电流。

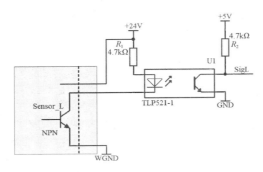

图 7-14 纠偏光电传感器接口电路原理图

光耦 U1 的光电接收管的集电极也需接一上拉电阻 R_2，通常可取 4.7kΩ到 10kΩ阻值，让光电接收管工作时处于开关状态即可。

当光电传感器有信号的时候，传感器上的 NPN 管导通，U1 的发光管得电，使得 U1 的接收管导通，标号 SigL 处于低电平；反之，当光电传感器无信号的时候，传感器上的 NPN 管截止，U1 的发光管没有电流通过，U1 的接收管截止，标号 SigL 处于高电平，这样就可以将光电传感器给出的偏差信号传给 CPU 的引脚了。

如图 7-15 所示的光电传感器为漫反射光电开关，型号为 E3F-DS30C4，三线 NPN 常开，检测距离为 5～30cm 可调，也可选择其他类型的光电传感器。

图 7-15 光电传感器

7.4.2 同步电动机及其接口电路

执行机构可采用步进电动机和滚珠丝杠驱动形式，或低速同步电动机和滚珠丝杠驱动形式。

1. 采用低速同步电动机和滚珠丝杠驱动形式

利用同步电动机的正反转驱动滚珠丝杠转动，从而带动纠偏系统左右移动。

由于纠偏系统动作频繁，驱动同步电动机若采用继电器或接触器等带有机械触点的开关元件，其机械触点由于频繁动作，寿命将受到影响，且响应速度较慢，因此，一般可采用可控硅作为开关器件。

随着半导体技术的发展，大功率双向可控硅被广泛应用在变流、变频领域。可控硅是目前比较理想的交流开关器件。

可控硅的优点很多，如反应速度快(微秒级)，无触点、无火花、无噪声，效率高，成本低，等等。缺点是静态及动态的过载能力较差，因此，可留有足够的功率余量，通常为10倍的余量。

对晶闸管可控硅的触发方式有两种，即移相触发和过零触发。

采用移相触发方式，可改变导通的相位角，可控制经晶闸管输出的电压、电流、功率，可用来调整灯的亮度等。但移相触发由于输出为非正弦波，将有较大的干扰信号产生。

采用过零触发方式，可减小触发瞬间的冲击电流，但不能控制每个半波内的输出大小，所以不适用于对输出量连续控制的系统，一般被用于可控加热、调温。

以过零触发方式加以说明，选用过零触发芯片 MOC3083 和可控硅 BTA16 芯片等构成控制电路。

1) 过零触发芯片 MOC3083

过零触发芯片 MOC3083 内部有过零触发判断电路，它是为 220V 电网电压设计的，芯片的双向可控硅耐压为 800V，在 4、6 两端电压低于 12V 时，如果有输入触发电流，内部的双向可控硅将导通。

MOC3083 引脚图如图 7-16 所示，其基本参数如下。

通道数：1。

隔离电压：7500V。

输出类型：Triac。

输入电流：60mA。

输出电压：800V。

封装类型：DIP。

针脚数：6。

工作温度范围：−40～85℃。

2) 可控硅 BTA16 芯片

BTA16 芯片引脚图如图 7-17 所示，其特性如下。

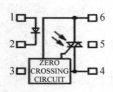

图 7-16　MOC3083 引脚图

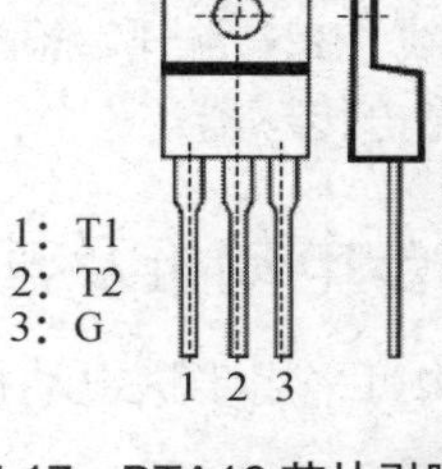

图 7-17　BTA16 芯片引脚图

控制方式：双向。

极数：三极。

封装材料：金属封装。

封装外形：平板形 TO-220。

关断速度及频率特性：高频(快速)。

功率特性：中功率。

3) 同步电动机可控硅驱动电路

如图 7-18 所示为电容移相式同步电动机开关控制正反转接线图。当开关接在正转端子时，设电动机为正转；当开关接在反转端子时，则同步电动机转向相反。电动机的两相绕组由于电容的移相作用产生转矩，从而实现转动。图 7-18 只是实现正反转的原理说明图，火线 L 通过开关实现与电动机绕组 Z 或 U 的切换，实际可采用同步电动机可控硅驱动电路(如图 7-19 所示)来实现开关的切换。

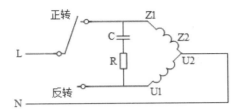

图 7-18　电容移相式同步电动机开关控制正反转接线图

如图 7-19 所示，MOC3083 芯片(9U01/9U12)的引脚 1(阳极)接到+5V 的电源上，引脚 2(阴极)与引脚 3(NC)接到一起，通过电阻(9R01/9R11)与控制系统的引脚相连(设标号 SigR 接正转控制引脚，标号 SigL 接反转控制引脚)。9R01/9R11 为限流电阻，限制 MOC3083 发光二极管的电流。取发光二极管的电流为 10mA。

为了便于说明，根据式(7-1)，重新写下列公式。

$$R(9R01或9R11) = \frac{V_{CC} - V_D}{I_A} = \frac{5 - 2}{0.01} = 300(\Omega)$$

即 9R01(或 9R11)可取 300Ω。

MOC3083 为过零触发芯片，具有过零触发和光电隔离的双重功能。

电阻 9R02/9R12 为触发限流电阻，9R14 为 BTA16 门极电阻，用于防止误触发，提高抗干扰能力。当 MOC3083 引脚 3 为低电平时，MOC3083 导通，触发可控硅 BTA16 在信号过零时导通，接通交流负载；当 MOC3083 引脚 3 为高电平时，MOC3083 给出截止信号，BTA16 在信号过零时截止。

由于是感性负载，双向晶闸管还要承受反向电压。因此，一般在双向可控硅两极间并联一个 RC 阻容吸收电路，以对可控硅起到过压保护作用。图 7-19 中的电容 9C01/9C11 和电阻 9R03/9R13 构成 RC 阻容吸收电路。

正式纠偏时，控制信号 SigL 和 SigR 不能同时为低电平。当 SigL=0 时，ConL 和 ConM 形成通路，电动机反转；当 SigR=0 时，ConR 和 ConM 形成通路，电动机正转；从而可实现同步电动机的正转或反转控制，进而实现纠偏过程。

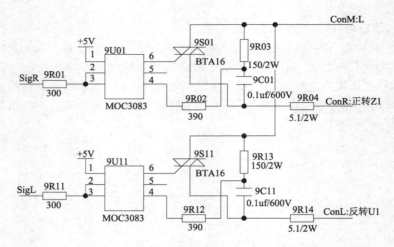

图 7-19　同步电动机晶闸管驱动电路原理图

2. 采用步进电动机和滚珠丝杠驱动形式

采用步进电动机，需要步进电动机驱动器，其纠偏系统价格相对于同步电动机纠偏系统高很多，但其控制精度高，速度快。因此，在后续的纠偏系统讲解中，以步进电动机和滚珠丝杠驱动形式为主进行纠偏系统的硬件设计和软件设计。

1) 步进电动机

选用 130HCY290AH3-TK0 型号三相步进电动机，具体参数如表 7-2 所示。

表 7-2　130HCY290AH3-TK0

型 号	130HCY290AH3-TK0
相 数	三相
电 流	5A
步 距 角	1.2°
静 转 矩	30N·m

电动机的具体型号可根据具体的控制系统来确定，其静转矩要满足控制系统的要求。130HCY290AH3-TK0 的静转矩针对较大控制系统的纠偏系统。步进电动机的步距角涉及纠偏系统的控制精度，可根据滚珠丝杠的螺距计算出脉冲当量。

2) 步进电动机驱动器

对应配套的步进电动机驱动器型号为 3HB2208，其特点如下。

① 设有 16 挡等角度恒力矩细分，最高分辨率为 60000 步/转。

② 最高反应频率可达 200kpps。

③ 步进脉冲停止超过 1.5s 时，线圈电流自动减到设定电流的一半。

④ 光电隔离信号输入/输出。

⑤ 驱动电流 1.2～5.8A/相(1.3～7.0A/相)分 16 挡可调。

⑥ 单电源输入，电压范围为 AC 110～220V。

选用的步进电动机驱动器最好带有细分功能，其电压范围尽量为 AC 110~220V，以避免有的步进电动机驱动器的输入电压为 80V，导致使用不方便的问题。

3) 单片机与步进电动机驱动器的接口电路原理

将单片机(或微处理器控制板)与步进电动机驱动器相连，最简单的方法是采用脉冲和方向两线连接。如图 7-20 所示，通常步进电动机驱动器都含有光电耦合器件，因此，单片机或微处理器控制板可直接与其相连，当然，也可在微处理器控制板上另加光耦。

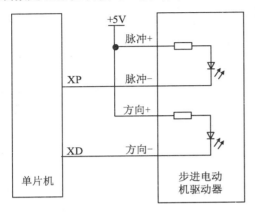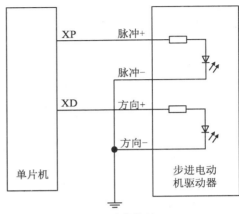

(a)共正电源接法　　　　　　　　　　　(b) 共地线接法

图 7-20　单片机与步进电动机驱动器的接口电路原理

设 XP 和 XD 为微处理器的两个 IO 口引脚，其中，XP 代表脉冲引脚，即给此引脚一个脉冲，则步进电动机走一步；XD 代表方向引脚，给高电平代表向右移动(或正转)，给低电平代表向左移动(或反转)。可以通过步进电动机驱动器上的打码开关，选择采用的是双脉冲还是脉冲加方向的驱动方法。

图 7-20(a)所示为共正电源接法，当微处理器的 XP 引脚为高电平时，步进电动机驱动器中的发光二极管不发光，无信号；当微处理器的 XP 引脚为低电平时，发光二极管发光，有信号。也可采用共地线接法，如图 7-20(b)所示，当微处理器的 XP 引脚为高电平时，步进电动机驱动器中的发光二极管发光，有信号；当微处理器的 XP 引脚为低电平时，发光二极管不发光，无信号。

7.4.3　自动纠偏上、下位机接口电路

如图 7-21 所示，自动纠偏控制系统的上位机选用 MCGS 系列触摸屏，如 10 寸的 Tpc1062KX 或 7 寸的 Tpc7062KX 触摸屏，此触摸屏上的串行口为 DB9 公头，触摸屏含有两个串行口，一个为 RS-232 接口，一个为 RS-485 接口。

图 7-21　串行口为 DB9 公头

MCGS 触摸屏串行口引脚定义如表 7-3 所示。

表 7-3　MCGS 触摸屏串行口引脚定义

COM1：RS232			COM2：RS485	
2 脚	3 脚	5 脚	7 脚	8 脚
RXD	TXD	地线	RS-485+(A)	RS-485-(B)

若嵌入式单片机控制板的 DB9 的引脚 2 是发送引脚，引脚 3 是接收引脚，则可以采用直连线将触摸屏和控制板连接起来，否则需要交叉对接。

7.5　自动纠偏控制电路原理

7.5.1　自动纠偏控制器所用微处理器芯片

自动纠偏控制器所用微处理器芯片选用意法半导体的 STM32F103C8 处理器。这款处理器使用高性能的 ARM®Cortex™-M3 32 位的 RISC 内核，工作频率为 72MHz，内置高速存储器，丰富的增强 I/O 端口和连接到两条 APB 总线的外设；所有型号的器件都包含两个 12 位的 ADC、三个通用 16 位定时器和一个 PWM 定时器，还包含标准和先进的通信接口（多达两个 I²C 接口和 SPI 接口，三个 USART 接口，一个 USB 接口和一个 CAN 接口）。如图 7-22 所示为 STM32F103 系列微处理器说明文档的截图。

**STM32F103x6
STM32F103x8 STM32F103xB**

Performance line, ARM-based 32-bit MCU with Flash, USB, CAN, seven 16-bit timers, two ADCs and nine communication interfaces

Preliminary Data

Features

■ Core: ARM 32-bit Cortex™-M3 CPU
 – 72 MHz, 90 DMIPS with 1.25 DMIPS/MHz
 – Single-cycle multiplication and hardware division
■ Memories
 – 32-to-128 Kbytes of Flash memory
 – 6-to-20 Kbytes of SRAM
■ Clock, reset and supply management

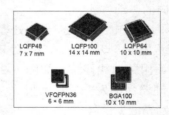

LQFP48
7 x 7 mm　　LQFP100
14 x 14 mm　　LQFP64
10 x 10 mm

VFQFPN36
6 × 6 mm　　BGA100
10 x 10 mm

图 7-22　STM32F103 系列微处理器说明文档

STM32F103C8 的供电电压为 2.0～3.6V，温度范围为-40～85℃，一系列的省电模式保证了低功耗的应用要求，这些丰富的外设使得 STM32F103 系列微控制器适用于多种应用场合。

7.5.2　自动纠偏控制系统的接口电路原理图

自动纠偏控制系统的接口电路原理图包括 4 个部分，如图 7-23 所示。图 7-23(a)为触摸屏 RS-232 通信单元接口电路；图 7-23(b)为两光电传感器信号接口电路；图 7-23(c)为步进电动机驱动器接口信号单元电路；图 7-23(d)为微处理器 MCU 单元电路。

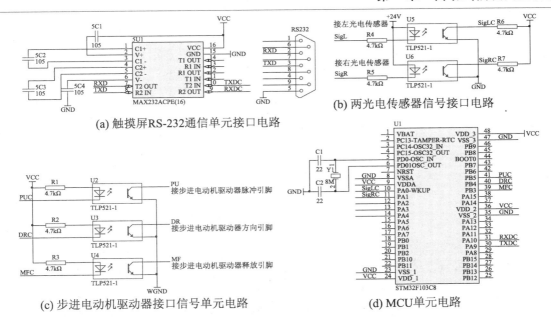

(a) 触摸屏RS-232通信单元接口电路

(b) 两光电传感器信号接口电路

(c) 步进电动机驱动器接口信号单元电路

(d) MCU单元电路

图 7-23　自动纠偏控制系统的接口电路原理图

1. 触摸屏 RS-232 通信单元接口电路

微型计算机上所使用的串行通信接口是标准的 RS-232C，其中的"RS"是"Recommended Standard"的缩写。早期的台式计算机上有两个 RS-232C 通信接口，即 COM1 与 COM2，可用来接鼠标，也可用来接外置的调制解调器。最初的 RS-232C 接口是规划为接调制解调器的，其标准是一对一的接法，联机线的长度约为 15m。如图 7-24 所示为 RS-232 三线串口接线图。

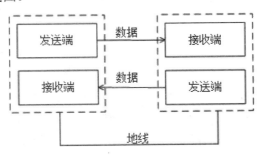

图 7-24　RS-232 三线串口接线图

RS-232C，规定逻辑"0"电平为+3～+15V，逻辑"1"电平为-3～-15V，介于-3～+3V 之间的电压没有意义。接口形式符合 RS-232C 标准的连接器目前多为 9 针的 D 形接头(如图 7-21 所示)。

由于 RS-232C 采用±3～±15V 之间的正负电压进行信号的传输，相对单片机的逻辑电平有所不同，单片机的电平为 0～5V，因此，在用单片机与计算机通信时(包括采用 RS-232 通信的设备)，应增加电平转换的芯片或其他接口电路。

MAX232 是 RS-232 的收发器，用于实现 TTL 电平与微机串口的 RS-232 电平信号之间的转换。MAX232 芯片由单一+5V 供电，具有双驱动及接收器，共需 4 个电容(1μF 电容)，由 MAX232 内部电荷泵作用，在第 2 引脚产生 8.5V、在第 6 引脚产生-8.5V 的电压，这样就将单一+5V 供电的电压转换为满足 RS-232 要求的电压了，如图 7-25 所示。

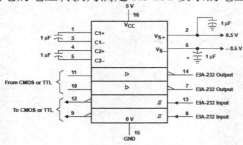

图 7-25　MAX232 芯片

RS-232 为点对点单机通信，若多机通信，则需要采用 RS-485 电路接口。如图 7-26 所示为 RS-485 总线网络。RS-485 有两线制和四线制两种接线方式，四线制只能实现点对点的通信方式，现很少采用，而多采用的是两线制接线方式，在同一总线上可挂接多个子系统(节点)，节点数量由驱动芯片决定，如 MAX485 支持 32 个节点，MAX487 支持 128 个节点。由于 RS-485 接口采用差分方式传输信号，利用双绞线可将传输距离提高到1200m，通信载体双绞线的特性阻抗为 120Ω左右，所以在 RS-485 网络传输线的始端和末端各应接 1 只 120Ω的匹配电阻，以减少线路上传输信号的反射和进行阻抗匹配。

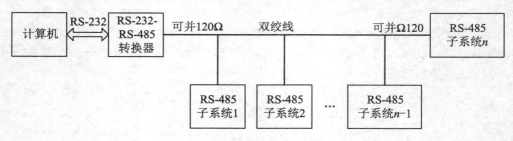

图 7-26　RS-485 总线网络

触摸屏接口电路的 RS-232 通信单元接口电路，具体如图 7-23(a)所示。其中，RXDC和 TXDC 接在 STM32F103C8 的 PA10 和 PA9 引脚上，即 USART1 串行口 1。

2. 两光电传感器信号接口电路

如图 7-23(b)所示。由于光电传感器的输出方式为 NPN 集电极开路形式，因此，将光电传感器的信号输出接于光耦发光管的阴极。其中，标号 SigLC 和 SigRC 分别被定义为纠偏系统的左光电传感器信号和右光电传感器信号，接在 STM32F103C8 的 PA0 和 PA1 引脚上。

3. 步进电动机驱动器接口信号单元电路

如图 7-23(c)所示。为了使设计的微处理器控制板具有通用性，输出接口电路也采用了光电耦合器进行隔离输出。电路中使用了三个 TLP521-1 芯片，分别接于步进电动机驱动器的脉冲、方向和释放端子上；定义了 PUC、DRC 和 MFC 三个标号，接在STM32F103C8 的 PB5、PB4 和 PB3 引脚上。实际可简化，仅接脉冲和方向引脚就行。

4. 微处理器 MCU 单元电路

如图 7-23(d)所示。为了简化说明，仅给出了晶振单元电路，晶振单元电路选用了默认的 8MHz 晶振，其余可根据标号查看电路走向。

7.6　上位机触摸屏软件 MCGS 介绍

7.6.1　人机界面触摸屏的选用

人机界面也被称为"人机接口""用户界面"或"使用者界面"，英文是"Human Machine Interface"，缩写为"HMI"。人机界面是系统和用户之间进行信息交换的媒介，它实现了信息的内部形式与人类可以接受的形式之间的转换。凡参与人机信息交流的领域都存在着人机界面。如图 7-27 所示为选用的 MCGS 触摸屏。

图 7-27　人机界面所用的触摸屏

7.6.2　人机界面的功能

人机界面能够实现图形化的工业监控界面，它具有以下功能。
(1) 能直观显示控制系统的各个参数及运行状态。
(2) 自动记录资料，自动将资料储存至数据库中，以便日后查看。
(3) 历史资料趋势显示，可以把数据库中的资料作可视化的呈现。
(4) 报表的产生与打印，能把资料转换成报表的格式，并能够打印出来。
(5) 图形接口控制，操作者能够透过图形接口直接控制机台等装置。
(6) 警报的产生与记录，使用者可以定义一些警报产生的条件。

7.6.3　生产人机界面的厂家

目前，生产人机界面的厂家很多，如西门子、台达、三菱、北京昆仑通态、北京迪文等，各厂家的硬件及软件各有特色。北京迪文科技有限公司生产的人机界面触摸屏为工业串口屏，主要适合于嵌入式单片机的上位机界面；其他各厂家的人机界面触摸屏主要用于 PLC 的上位机，若采用通信协议，也可与单片机进行通信。由于北京昆仑通态的触摸屏采用莫迪康的 MODBUS 协议，而 MODBUS 协议在许多仪器仪表、嵌入式系统中有广泛的应用，多支持 MODBUS 协议通信，因此在下文的纠偏控制系统选用昆仑通态触摸屏及组态软件 MCGS 进行说明。

7.6.4　TPC1062KX 触摸屏

MCGS 触摸屏是北京昆仑通态自动化软件科技有限公司生产的嵌入式人机界面产品。具体有很多型号。例如，TPC1561Hi 型号，嵌入式低功耗 CPU，主频 600MHz，15 英寸高亮度 TFT 液晶显示屏，分辨率 1024×768；TPC1262Hi 型号，嵌入式低功耗 CPU，主频 600MHz，12.1 英寸高亮度 TFT 液晶显示屏，分辨率 800 像素×600 像素。尽管触摸屏的型号不同，但其编程方法基本相同，可通过型号选择人机界面，并下载到不同型号的触摸屏中，一般来说可直接使用。

说明的自动纠偏系统，采用 TPC1062KX 型号触摸屏，分辨率为 800×480，尺寸为 10.2" TFT 液晶屏，MPU 为 ARM CPU，主频为 400MHz，64M DDR2，128M NAND Flash。

7.6.5　开发环境

上位机组态界面采用 MCGS(Monitor and Control Generated System)软件平台。MCGS 为用户提供了解决实际工程问题的完整方案和开发平台，能够完成现场数据采集、实时和历史数据处理、报警和安全机制控制、流程控制、动画显示、趋势曲线和报表输出，以及企业监控网络等功能。

目前，MCGS 组态软件已经成功推出了 MCGS 通用版组态软件、MCGS WWW 网络版组态软件和 MCGSE 嵌入版组态软件。MCGS 通用版组态软件适合于计算机；MCGS WWW 网络版适合于计算机组网；MCGSE 嵌入版适合于触摸屏。

三类产品风格相同，功能各异，三者完美结合，融为一体，完成了整个工业监控系统从设备采集、工作站数据处理和控制到上位机网络管理和 Web 浏览的所有功能，很好地实现了自动控制一体化。

在自动纠偏控制系统中，选用触摸屏作为上位机，需选用的组态软件为 MCGSE 嵌入版组态软件，版本为 MCGS 7.7，如图 7-28 所示。

图 7-28　MCGS 7.7 嵌入版

MCGSE 组态软件嵌入式版的特点如下。

(1) 无限点，超强功能的无限点组态软件低耗，应用于嵌入式计算机，仅占 16MB 系统内存。

(2) 通信，支持串口、网口等多种通信方式，支持 MPI 直连、PPI187.5K。

(3) 提供了 800 多种常用设备的驱动报表，多种数据存盘方式，多样报表显示形式。

(4) 满足不同现场需求的曲线，支持实时、历史、计划等多种曲线形式，同时历史曲线的显示性能提升了 10 倍。

(5) 开放，用户可以自己编写驱动程序、应用程序，支持个性化定制，内置打印机功能。

(6) 稳定，优化启动属性，内置看门狗，易用，可在各种恶劣环境下长期稳定运行。

(7) 提供中断处理，定时扫描可达毫秒级，提供对 MCGSTPC 串口、内存、端口的访问。

(8) 存储，高压缩比的数据压缩方式，保证数据的完整性，铁电存储初值，100 亿次以上擦写。

7.6.6　MCGS 软件构成

　　MCGS 组态软件由窗口、实时数据库和运行策略构成。MCGS 嵌入式组态软件构成如图 7-29 所示。

　　窗口是屏幕中的一块空间，类似一个"容器"，直接提供给用户使用。在窗口内，用户可以放置不同的构件，创建图形对象并调整画面的布局，组态配置不同的参数以完成不同的功能。在 MCGS 嵌入版中，每个应用系统只能有一个主控窗口和一个设备窗口，可以有多个用户窗口和多个运行策略，实时数据库中也可以有多个数据对象。

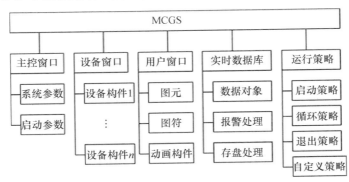

图 7-29　MCGS 嵌入式组态软件构成

　　MCGS 嵌入版用主控窗口、设备窗口和用户窗口来构成一个应用系统的人机交互图形界面，组态配置各种不同类型和功能的对象或构件，同时可以对实时数据进行可视化处理。

　　实时数据库是 MCGS 嵌入版系统的核心，相当于一个数据处理中心，同时也起到公用数据交换区的作用。MCGS 嵌入版使用自建文件系统中的实时数据库来管理所有实时数据。从外部设备采集来的实时数据被送入实时数据库，系统其他部分操作的数据则来自实时数据库。实时数据库自动完成对实时数据的报警处理和存盘处理，同时它还根据需要把有关信息以事件的方式发送给系统的其他部分，以便触发相关事件，从而进行实时处理。实时数据库所存储的单元，不单单是变量的数值，还包括变量的特征参数(属性)及对该变量的操作方法(报警属性、报警处理和存盘处理等)。这种将数值、属性、方法封装在一起的数据被称为"数据对象"。实时数据库采用面向对象的技术，为其他部分提供服务，提供系统各个功能部件的数据共享。

　　用户窗口实现了数据和流程的"可视化"，其中可以放置三种不同类型的对象，即图元对象、图符对象、动画构件。图元对象和图符对象为用户提供了一套完善的设计制作图形画面和定义动画的方法。动画构件对应于不同的动画功能，它们是从工程实践经验中总结出来的常用的动画显示与操作模块，用户可以直接使用。

　　组态工程中的用户窗口最多可定义 512 个。所有的用户窗口均位于主控窗口内，其打开时窗口可见；关闭时窗口不可见。如图 7-30 所示为 MCGS 组态软件运行后出现的编辑工作界面，可以选择主控窗口、设备窗口、用户窗口、实时数据库和运行策略来组态。

　　运行策略是对系统运行流程实现有效控制的手段。运行策略本身是系统提供的一个框架，其中放置有策略条件构件和策略构件组成的"策略行"。通过对运行策略的定义，使系统能够按照设定的顺序和条件操作实时数据库，控制用户窗口的打开、关闭，以及确定设备构件的工作状态，等等，从而实现对外部设备工作过程的精确控制。

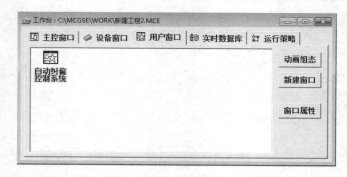

图 7-30　MCGS 组态编辑工作界面

一个应用系统有 3 个固定的运行策略，即启动策略、循环策略和退出策略，允许用户创建或定义最多 512 个用户策略。启动策略在应用系统开始运行时调用；循环策略由系统在运行过程中定时循环调用；退出策略在应用系统退出运行时调用；用户策略可供系统中的其他部件调用。

综上所述，一个应用系统由主控窗口、设备窗口、用户窗口、实时数据库和运行策略 5 个部分组成。组态工作开始时，系统只为用户搭建一个能够独立运行的空框架，并提供丰富的动画部件与功能部件。

为了说明窗口的功能，可参见图 7-3，在用户窗口中创建了螺母滚珠丝杠自动纠偏系统的可视化监控界面，具体包括传感检测单元、纠偏控制器和机械执行机构等。

7.6.7　MODBUS 协议说明

自动纠偏系统采用上、下位机结构。上、下位机通过 RS-232 相连，其通信协议是 MODBUS。

MODBUS 是应用在电子控制设备上的一种通信协议。通过此协议，控制设备相互之间、经由网络(例如以太网、串行口 RS-232/485)和其他设备之间可以通信。它已经成为一个通用工业标准。有了它，不同厂商生产的控制设备可以连成工业网络，并进行集中监控。

MODBUS 协议定义了一个控制设备能认识使用的消息结构，而不管它们是经过何种网络进行通信的。它描述了控制设备请求访问其他设备的过程，回应来自其他设备的请求，以及怎样侦测错误并记录。它制定了消息域格局和内容的公共格式。当在 MODBUS 网络上通信时，协议决定了每个控制设备需要知道它们的设备地址，识别按地址发来的消息，以及决定要产生何种行动。如果需要回应，控制设备将生成反馈信息并用 MODBUS 协议发出所需要的信息内容。

标准的 MODBUS 口是使用 RS-232C 兼容串行接口，它定义了连接口的针脚、电缆、信号位、传输波特率和奇偶校验。控制设备能直接或经由 Modem 组网。控制设备通信使用主从技术，即由主设备初始化查询，其他从设备根据主设备查询提供的数据做出相应反应。典型的主设备包括工业控制机、人机界面触摸屏和可编程仪表。典型的从设备包括可编程控制器、嵌入式单片机系统或仪器仪表等。

主设备可单独和从设备通信，也能以广播方式和所有从设备通信。如果单独通信，从设备返回一消息作为回应；如果是以广播方式查询的，则不作任何回应。MODBUS 协议建立了主设备查询的格式：[设备(或广播)地址]、[功能代码]、[所有要发送的数据]、[错误检测域]。从设备回应消息也由 MODBUS 协议构成，包括确认要行动的域、任何要返回的数据和错误检测域。如果在消息接收过程中发生错误，或从设备不能执行其命令，从设备将建立一错误消息并把它作为回应发送出去。当然，MODBUS 协议也可在其他网络中传输，如 TCP/IP 网络。

1. MODBUS 的查询回应周期

1) 查询

MODBUS 消息中，包括查询的功能代码，通知被选中的从设备要执行何种功能。数据段包含了从设备要执行功能的任何附加信息。例如，功能代码 0x03 是要求从设备读保持寄存器并返回它们的内容。数据段必须包含通知的从设备的信息，即从何寄存器开始读及要读的寄存器数量。错误检测域为从设备提供了一种验证消息内容是否正确的方法。

2) 回应

如果从设备产生正常的回应，则在回应消息中的功能代码是在查询消息中的功能代码的回应。数据段包含从设备收集的数据，如寄存器值或状态。如果有错误发生，功能代码将被修改以用于指出回应消息是错误的，同时数据段包含描述此错误信息的代码。错误检测域允许主设备确认消息内容是否可用。

2. MODBUS 的两种传输模式

MODBUS 有两种传输模式，即 ASCII 和 RTU。

ASCII(American Standard Code for Information Interchange，美国信息交换标准码)传输模式如下。

地址+功能代码+数据数量+数据 1……数据 n+LRC 校验高字节+LRC 校验低字节+回车+换行。

RTU(Remote Terminal Unit，远程终端控制系统)传输模式如下。

地址+功能代码+数据数量+数据 1……数据 n+CRC 校验高字节+CRC 校验低字节。

所选的 ASCII 或 RTU 传输模式仅适用于标准的 MODBUS 网络，它们定义了在该网络上连续传输的消息段的每一位，决定了怎样将信息打包成消息域，以及如何解码。

在其他网络中(如 MAP 和 MODBUS Plus，MODBUS 消息被转换成与串行传输无关的帧。

1) ASCII 模式

当控制器被设为在 MODBUS 网络中以 ASCII 模式通信时，消息中的每个 8Bit 字节都被作为两个 ASCII 字符发送。这种方式的主要优点是字符发送的时间间隔可达到 1 秒而不产生错误。

代码系统：十六进制，ASCII 字符 0…9，A…F。

消息中的每个 ASCII 字符都由一个十六进制字符组成每个字节的位：1 个起始位；7 个数据位，最低的有效位先发送；1 个奇偶校验位，无校验则无；1 个停止位(有校验时)，

2 个 Bit(无校验时)；错误检测域 LRC(纵向冗长检测)。

2) RTU 模式

当控制器被设为在 MODBUS 网络中以 RTU 模式通信时，消息中的每个 8bit 字节包含两个 4bit 的十六进制字符。这种方式的主要优点是：在同样的波特率下，可比 ASCII 方式传送更多的数据。

代码系统：8 位二进制，十六进制数 0...9，A...F。

消息中的每个 8 位域都由两个十六进制字符组成每个字节的位：1 个起始位；8 个数据位，最低的有效位先发送；1 个奇偶校验位，无校验则无；1 个停止位(有校验时)，2 个 Bit(无校验时)；错误检测域 CRC(循环冗长检测)。

3. MODBUS 的传输模式的帧说明

在两种传输模式(ASCII 或 RTU)中，传输设备将 MODBUS 消息转换为有起点和终点的帧，这就允许接收设备在消息起始处开始工作，读地址分配信息，判断哪一个设备被选中(广播方式则传给所有设备)，以及何时信息已完成，部分的消息也能侦测到并且错误能设置为返回结果。

1) ASCII 帧

使用 ASCII 模式，消息以冒号(:)字符(ASCII 码 3AH)开始，以回车换行符结束(ASCII 码 0DH，0AH)。其他域可以使用的传输字符是十六进制的 0...9，A...F。

MODBUS 网络中的设备不断侦测 ":" 字符，当有一个冒号被接收到时，每个设备都解码下个域(地址域)来判断是否是发给自己的。

消息中字符间发送的时间间隔最长不能超过 1 秒，否则接收设备将认为传输错误。一个典型消息帧如表 7-4 所示。

表 7-4　ASCII 模式

起 始 位	设备地址	功能代码	数 据	LRC 校验	结 束 符
1 个字符	2 个字符	2 个字符	n 个字符	2 个字符	2 个字符

2) RTU 帧

使用 RTU 模式，消息发送至少要以 3.5 个字符时间的停顿间隔开始。在一定的波特率下，可以用 4 个字符传输的时间作为停顿间隔。如表 7-5 所示，Ti(i=1,2,3,4)代表发送一个字节的时间，T1-T2-T3-T4 代表 4 个字符(字节)的时间间隔。

传输的第一个域是设备地址，可以使用的传输字符是十六进制的 0...9，A...F。网络设备不断侦测 MODBUS 网络总线，包括停顿间隔时间在内。当第一个域(地址域)被接收到，每个设备都进行解码以判断是否是发往自己的。在最后一个传输字符之后，一个至少 3.5 个字符时间的停顿标定了消息的结束。一个新的消息可在此停顿后开始。

整个消息帧必须作为一个连续的流传输。如果在帧完成之前有超过 1.5 个字符时间的停顿时间，接收设备将刷新不完整的消息，并假定下一字节是一个新消息的地址域。同样，如果一个新消息在小于 3.5 个字符时间内接着前一个消息开始，接收设备将认为它是前一个消息的延续，这将导致一个错误，因为在最后的 CRC 域的值不可能是正确的。典型的消息帧如表 7-5 所示。

表 7-5　RTU 模式

起　始　位	设备地址	功能代码	寄存器地址	实际数据字节数量	CRC 校验
T1-T2-T3-T4	8bit	8bit	16bit	16bit	16bit

3) 地址域或设备地址

消息帧的地址域包含两个字符(ASCII 模式)或 8bit(RTU 模式)，可能的从设备地址是 0...247 (十进制)，单个设备的地址范围是 1...247。主设备通过将要联络的从设备的地址放入消息中的地址域来选通从设备。当从设备发送回应消息时，是把自己的地址放入回应的地址域中，以便主设备知道是哪一个从设备做出回应。

地址 0 用作广播地址，以使所有的从设备都能认识。当 MODBUS 协议用于更高水准的网络时，广播可能不允许或以其他方式代替。

4) 功能域或功能代码

消息帧中的功能域包含两个字符(ASCII)或 8bits(RTU)，可能的代码范围是十进制的 1...255。当然，有些代码适用于所有控制设备，有些被应用于某种控制器，还有些则保留以备后用。

当消息从主设备发往从设备时，功能域将通知从设备需要执行哪些行为。例如，去读取输入的开关状态，读取一组寄存器的数据内容，读取从设备的诊断状态，允许调入、记录、校验在从设备中的程序，等等。

当从设备回应时，它使用功能域来指示是正常回应(无误)还是有某种错误发生(被称作"异议回应")。对正常回应，从设备仅回应相应的功能代码；对异议回应，从设备返回一组等同于正常代码的代码，但最重要的位置为逻辑 1。

例如，一从主设备发往从设备的消息要求读取一组保持寄存器，将产生如下功能代码：00000011(即功能代码为十六进制 0x03 或 03H)。

对正常回应，从设备仅回应同样的功能代码；对异议回应，它返回：10000011 (十六进制 0x83 或 83H)。除功能代码因异议错误作了修改外，从设备将一段独特的代码放到回应消息的数据域中，以便告诉主设备发生了什么错误。主设备的应用程序得到异议回应后，典型的处理是重发消息，或者诊断发给从设备的消息并报告给操作员。

MODBUS 功能码说明(按"功能码：名称，作用；"的顺序加以说明)如下。

0x01：读取线圈状态(读位)，取得一组逻辑线圈的当前状态(ON/OFF)；

0x02：读取输入状态(读位)，取得一组开关输入的当前状态(ON/OFF)；

0x03：读取保持寄存器，在一个或多个保持寄存器中取得当前的二进制值；

0x04：读取输入寄存器，在一个或多个输入寄存器中取得当前的二进制值；

0x05：强置单线圈(写位)，强置一个逻辑线圈的通断状态；

0x06：预置单寄存器，把具体的二进制值装入一个保持寄存器；

0x07：读取异常状态，取得 8 个内部线圈的通断状态，这 8 个线圈的地址由控制器决定，用户逻辑可以将这些线圈定义以说明从机状态，短报文适宜于迅速读取状态；

0x08：回送诊断校验，把诊断校验报文送从机，以对通信处理进行评鉴；

0x09：编程(只用于 484)，使主机模拟编程器作用，修改 PC 从机逻辑；

0x0A：控询(只用于 484)，可使主机与一台正在执行长程序任务的从机通信，探询该从机是否已完成其操作任务，仅在含有功能码 9 的报文发送后，本功能码才发送；

0x0B：读取事件计数，可使主机发出单询问，并随即判断操作是否成功，尤其是该命令或其他应答产生通信错误时；

0x0C：读取通信事件记录，可使主机检索每台从机的 MODBUS 事务处理通信事件记录，如果某项事务处理完成，记录会给出有关错误；

0x0D：编程(184/384 484 584)，可使主机模拟编程器功能修改 PC 从机逻辑；

0x0E：探询(184/384 484 584)，可使主机与正在执行任务的从机通信，定期控询该从机是否已完成其程序操作，仅在含有功能 13 的报文发送后，本功能码才能发送；

0x0F：强置多线圈(写位)，强置一串连续逻辑线圈的通断；

0x10：预置多寄存器，把具体的二进制值装入一串连续的保持寄存器；

0x11：报告从机标识，可使主机判断编址从机的类型及该从机运行指示灯的状态；

0x12：编程(884 和 MICRO 84)，可使主机模拟编程功能，修改 PC 状态逻辑；

0x13：重置通信链路，发生非可修改错误后，使从机复位于已知状态，可重置顺序字节；

0x14：读取通用参数(584L)，显示扩展存储器文件中的数据信息；

0x15：写入通用参数(584L)，把通用参数写入扩展存储文件，或修改之；

其余功能码保留或留作用户功能的扩展编码等。

其中，功能码 0x03、0x06、0x10 最为常用。

功能码 0x03：读取保持寄存器，其数值可以是整型、字符型、状态字或浮点型。

功能码 0x06：预置单个寄存器，其数值可以是整型、字符型、状态字或浮点型。

功能码 0x10：预置多个寄存器，其数值可以是整型、字符型、状态字或浮点型。

5) 寄存器地址

寄存器地址为指定的起始寄存器，通常用两个字节来表示。

6) 实际数据字节数量

实际上，有时将寄存器地址和实际数据字节数量统称为"数据域"。主设备发给从设备消息的数据域包含附加的信息：从设备必须将其用于执行由功能代码所定义的行为，包括不连续的寄存器地址、要处理项的数目和域中实际数据字节数。

例如，如果主设备需要从设备读取一组保持寄存器(功能代码 0x03)，数据域指定了要读的起始寄存器及要读的寄存器数量。如果主设备写一组从设备的寄存器(功能代码 0x10)，数据域则指定了要写的起始寄存器及要写的寄存器数量，数据域的数据字节数，要写入寄存器的数据。

如果没有错误发生，由从设备返回的数据域包含请求的数据；如果有错误发生，此域包含一异议代码，主设备应用程序可以用其来判断是否采取下一步行动。

在某种消息中数据域可以是不存在的(0 长度)。例如，主设备要求从设备回应通信事件记录(功能代码 0x0B)，从设备不需任何附加的信息。

7) 错误检测域(校验)

错误检测域的内容视所选的检测方法而定。

(1) ASCII 模式：当选用 ASCII 模式作为字符帧时，错误检测域包含两个 ASCII 字符。这是使用 LRC(纵向冗长检测)方法对消息内容计算得出的，不包括开始的冒号符及回车换行符，LRC 字符附加在回车换行符前面。

(2) RTU 模式：当选用 RTU 模式作为字符帧时，错误检测域包含一 16bits 值(用两个 8 位字节来实现)。错误检测域的内容是通过对消息内容进行循环冗长检测得出的。CRC 域附加在消息的最后，添加时先是低字节，然后是高字节，故 CRC 的高位字节是发送消息的最后一个字节。

8) 字符的连续传输

当消息在标准的 MODBUS 系列网络中传输时，每个字符或字节以如下方式发送(从左到右)：最低有效位…最高有效位。如表 7-6 所示为 ASCII 字符帧的位序列，如表 7-7 所示为 RTU 字符帧的序列。

表 7-6　使用 ASCII 字符帧时，位的序列

| 有奇偶校验 | 起始位 | 1 2 3 4 5 6 7 | 奇偶位 | 停止位 |
| 无奇偶校验 | 起始位 | 1 2 3 4 5 6 7 | 停止位 | 停止位 |

表 7-7　使用 RTU 字符帧时，位的序列

| 有奇偶校验 | 起始位 | 1 2 3 4 5 6 7 8 | 奇偶位 | 停止位 |
| 无奇偶校验 | 起始位 | 1 2 3 4 5 6 7 | 停止位 | 停止位 |

9) 错误检测方法

标准的 MODBUS 串行网络采用两种错误检测方法。奇偶校验对每个字符都可用，帧检测(LRC 或 CRC)则被应用于整个消息。它们都是在消息发送前由主设备产生的，从设备在接收过程中检测每个字符和整个消息帧。

用户要给主设备配置一预先定义的超时时间间隔，这个时间间隔要足够长，以使任何从设备都能将其作为正常反应。如果从设备测到一传输错误，消息将不会被接收，也不会向主设备做出回应，这样超时事件将触发主设备来处理错误。发往不存在的从设备的地址也会产生超时。

(1) 奇偶校验。

用户可以配置控制器是奇或偶校验，或无校验，这将决定每个字符中的奇偶校验位是如何设置的。

如果指定了奇或偶校验，"1" 的位数将被算到每个字符的位数中(ASCII 模式有 7 个数据位，RTU 模式有 8 个数据位)。例如，RTU 字符帧中包含以下 8 个数据位：1 1 0 0 0 1 0 1。

整个 "1" 的数目是 4 个。如果使用了偶校验，帧的奇偶校验位将是 0，使得整个 "1" 的个数仍是 4 个；如果使用了奇校验，帧的奇偶校验位将是 1，使得整个 "1" 的个数是 5 个。

如果没有指定奇偶校验位，传输时就没有校验位，也不进行校验检测，用以代替的是一附加的停止位填充至要传输的字符帧中。

(2) LRC 检测。

使用 ASCII 模式，消息包括一基于 LRC 方法的错误检测域。LRC 域检测了消息域中除开始的冒号符及结束的回车换行以外的内容。

LRC 域是一个包含一个 8 位二进制值的字节。LRC 值由传输设备来计算并放到消息帧中，接收设备在接收消息的过程中计算 LRC 值，并将它和接收到的消息中的 LRC 域中的值相比较，如果两值不等，说明接收有错误。

LRC 方法是将消息中的 8bit 的字节连续累加，丢弃了进位。

LRC 简单函数如下。

```
static unsigned char LRC(auchMsg,usDataLen) //定义 LRC 检测函数
unsignedchar *auchMsg ; //指针变量指向消息域的起始地址
unsignedshort usDataLen ;  //消息域中的长度，或消息域中的字节个数
{
unsigned char uchLRC = 0 ; //连续累加和，丢弃了进位
while (usDataLen--)  //用 while 循环，求累加和
{
uchLRC += *auchMsg++ ;  // 累加
}
return ((unsignedchar)(-((char)uchLRC))) ;// 返回累加值
}
```

(3) CRC 检测。

使用 RTU 模式，消息包括一基于 CRC 方法的错误检测域。CRC 域检测了整个消息的内容。

CRC 域是两个字节，包含一个 16 位的二进制值。它由传输设备计算后加入消息中，接收设备重新计算收到的消息中的 CRC 值，并与接收到的 CRC 域中的值相比较，如果两值不等，则说明接收有误。

CRC 先调入一值是全"1"的 16 位寄存器，再调用一过程将消息中连续的 8 位字节在当前寄存器中的值进行处理。仅每个字符中的 8bit 数据对 CRC 有效，起始位、停止位以及奇偶校验位均无效。

CRC 产生过程中，每个 8 位字符都单独和寄存器内容相或(OR)，结果向最低有效位方向移动，最高有效位以 0 填充。LSB 被提取出来检测，如果 LSB 为 1，寄存器单独和预置的值或一下；如果 LSB 为 0，则不进行。整个过程要重复 8 次。在最后一位(第 8 位)完成后，下一个 8 位字节又单独和寄存器的当前值相或。最终寄存器中的值是消息中所有的字节都执行之后的 CRC 值。

CRC 被添加到消息中时，先加入低字节，然后高字节。CRC 简单函数如下：

```
unsigned short CRC16(puchMsg, usDataLen) //定义 CRC 校验函数
unsigned char *puchMsg ; //要进行 CRC 校验的消息指针变量，指针变量指向消息域的起始地址
unsigned short usDataLen ; //消息中字节数
{
unsigned char uchCRCHi = 0xFF ; //校验高 CRC 字节初始化
unsigned char uchCRCLo = 0xFF ; //校验低 CRC 字节初始化
```

```
unsigned uIndex ; //CRC 循环中的索引
while (usDataLen--) //循环计算：消息中的字节数
{
uIndex = uchCRCHi ^ *puchMsgg++ ; //计算 CRC
uchCRCHi = uchCRCLo ^ auchCRCHi[uIndex] ;//校验高 8 位
uchCRCLo = auchCRCLo[uIndex] ; //校验低 8 位
}
return (uchCRCHi << 8 | uchCRCLo) ;//返回校验值
}
```

程序中为了简化计算，采用了 CRC 高位字节值数组和 CRC 低位字节值数组的查表运算方法。

其中，CRC 高位字节值数组如下。

```
static unsigned char auchCRCHi[] =
{
0x00, 0xC1, 0x81, 0x40, 0x01, 0xC0, 0x80, 0x41, 0x01, 0xC0,
0x80, 0x41, 0x00, 0xC1, 0x81, 0x40, 0x01, 0xC0, 0x80, 0x41,
0x00, 0xC1, 0x81, 0x40, 0x00, 0xC1, 0x81, 0x40, 0x01, 0xC0,
0x80, 0x41, 0x01, 0xC0, 0x80, 0x41, 0x00, 0xC1, 0x81, 0x40,
0x00, 0xC1, 0x81, 0x40, 0x01, 0xC0, 0x80, 0x41, 0x00, 0xC1,
0x81, 0x40, 0x01, 0xC0, 0x80, 0x41, 0x01, 0xC0, 0x80, 0x41,
0x00, 0xC1, 0x81, 0x40, 0x01, 0xC0, 0x80, 0x41, 0x00, 0xC1,
0x81, 0x40, 0x00, 0xC1, 0x81, 0x40, 0x01, 0xC0, 0x80, 0x41,
0x00, 0xC1, 0x81, 0x40, 0x01, 0xC0, 0x80, 0x41, 0x01, 0xC0,
0x80, 0x41, 0x00, 0xC1, 0x81, 0x40, 0x00, 0xC1, 0x81, 0x40,
0x01, 0xC0, 0x80, 0x41, 0x01, 0xC0, 0x80, 0x41, 0x00, 0xC1,
0x81, 0x40, 0x01, 0xC0, 0x80, 0x41, 0x00, 0xC1, 0x81, 0x40,
0x00, 0xC1, 0x81, 0x40, 0x01, 0xC0, 0x80, 0x41, 0x01, 0xC0,
0x80, 0x41, 0x00, 0xC1, 0x81, 0x40, 0x00, 0xC1, 0x81, 0x40,
0x01, 0xC0, 0x80, 0x41, 0x00, 0xC1, 0x81, 0x40, 0x01, 0xC0,
0x80, 0x41, 0x01, 0xC0, 0x80, 0x41, 0x00, 0xC1, 0x81, 0x40,
0x00, 0xC1, 0x81, 0x40, 0x01, 0xC0, 0x80, 0x41, 0x01, 0xC0,
0x80, 0x41, 0x00, 0xC1, 0x81, 0x40, 0x01, 0xC0, 0x80, 0x41,
0x00, 0xC1, 0x81, 0x40, 0x00, 0xC1, 0x81, 0x40, 0x01, 0xC0,
0x80, 0x41, 0x00, 0xC1, 0x81, 0x40, 0x01, 0xC0, 0x80, 0x41,
0x01, 0xC0, 0x80, 0x41, 0x00, 0xC1, 0x81, 0x40, 0x01, 0xC0,
0x80, 0x41, 0x00, 0xC1, 0x81, 0x40, 0x00, 0xC1, 0x81, 0x40,
0x01, 0xC0, 0x80, 0x41, 0x01, 0xC0, 0x80, 0x41, 0x00, 0xC1,
0x81, 0x40, 0x00, 0xC1, 0x81, 0x40, 0x01, 0xC0, 0x80, 0x41,
0x00, 0xC1, 0x81, 0x40, 0x01, 0xC0, 0x80, 0x41, 0x01, 0xC0,
0x80, 0x41, 0x00, 0xC1, 0x81, 0x40
} ;
```

CRC 低位字节值数组如下。

```
static unsigned char auchCRCLo[] =
{
0x00, 0xC0, 0xC1, 0x01, 0xC3, 0x03, 0x02, 0xC2, 0xC6, 0x06,
0x07, 0xC7, 0x05, 0xC5, 0xC4, 0x04, 0xCC, 0x0C, 0x0D, 0xCD,
```

```
0x0F, 0xCF, 0xCE, 0x0E, 0x0A, 0xCA, 0xCB, 0x0B, 0xC9, 0x09,
0x08, 0xC8, 0xD8, 0x18, 0x19, 0xD9, 0x1B, 0xDB, 0xDA, 0x1A,
0x1E, 0xDE, 0xDF, 0x1F, 0xDD, 0x1D, 0x1C, 0xDC, 0x14, 0xD4,
0xD5, 0x15, 0xD7, 0x17, 0x16, 0xD6, 0xD2, 0x12, 0x13, 0xD3,
0x11, 0xD1, 0xD0, 0x10, 0xF0, 0x30, 0x31, 0xF1, 0x33, 0xF3,
0xF2, 0x32, 0x36, 0xF6, 0xF7, 0x37, 0xF5, 0x35, 0x34, 0xF4,
0x3C, 0xFC, 0xFD, 0x3D, 0xFF, 0x3F, 0x3E, 0xFE, 0xFA, 0x3A,
0x3B, 0xFB, 0x39, 0xF9, 0xF8, 0x38, 0x28, 0xE8, 0xE9, 0x29,
0xEB, 0x2B, 0x2A, 0xEA, 0xEE, 0x2E, 0x2F, 0xEF, 0x2D, 0xED,
0xEC, 0x2C, 0xE4, 0x24, 0x25, 0xE5, 0x27, 0xE7, 0xE6, 0x26,
0x22, 0xE2, 0xE3, 0x23, 0xE1, 0x21, 0x20, 0xE0, 0xA0, 0x60,
0x61, 0xA1, 0x63, 0xA3, 0xA2, 0x62, 0x66, 0xA6, 0xA7, 0x67,
0xA5, 0x65, 0x64, 0xA4, 0x6C, 0xAC, 0xAD, 0x6D, 0xAF, 0x6F,
0x6E, 0xAE, 0xAA, 0x6A, 0x6B, 0xAB, 0x69, 0xA9, 0xA8, 0x68,
0x78, 0xB8, 0xB9, 0x79, 0xBB, 0x7B, 0x7A, 0xBA, 0xBE, 0x7E,
0x7F, 0xBF, 0x7D, 0xBD, 0xBC, 0x7C, 0xB4, 0x74, 0x75, 0xB5,
0x77, 0xB7, 0xB6, 0x76, 0x72, 0xB2, 0xB3, 0x73, 0xB1, 0x71,
0x70, 0xB0, 0x50, 0x90, 0x91, 0x51, 0x93, 0x53, 0x52, 0x92,
0x96, 0x56, 0x57, 0x97, 0x55, 0x95, 0x94, 0x54, 0x9C, 0x5C,
0x5D, 0x9D, 0x5F, 0x9F, 0x9E, 0x5E, 0x5A, 0x9A, 0x9B, 0x5B,
0x99, 0x59, 0x58, 0x98, 0x88, 0x48, 0x49, 0x89, 0x4B, 0x8B,
0x8A, 0x4A, 0x4E, 0x8E, 0x8F, 0x4F, 0x8D, 0x4D, 0x4C, 0x8C,
0x44, 0x84, 0x85, 0x45, 0x87, 0x47, 0x46, 0x86, 0x82, 0x42,
0x43, 0x83, 0x41, 0x81, 0x80, 0x40
} ;
```

4. MODBUS RTU 设备命令分析

为了便于理解，将常用的 MODBUS RTU 命令功能码进行说明，并给出主机发送和从机应答的消息内容。

首先说明 MODBUS 地址。"MODBUS 地址"指的是各类寄存器的设备编号，为 5 位十进制数，各区的编号从 1 到 9999，参见表 7-8。

表 7-8　MODBUS 寄存器的设备编号

寄 存 器	设备编号
离散量输出继电器编号	00001～09999
离散量输入继电器编号	10001～19999
模拟量输入寄存器编号	30001～39999
保持型输出寄存器编号	40001～49999

(1) 继电器类型：输入继电器(只读)，功能码 0x02。

适用离散量输入继电器(或输入开关量信号)读取。设备编号地址范围为 10001～19999。

采用功能码 0x02，MCGS 使用 MODBUS RTU 通信协议的命令 2 (Read Input Status)。假设：设备地址=2；继电器地址=1(此处需注意，MCGS 触摸屏规定，发送地址为下位机地址+1，因此，发送继电器地址=1，下位机接收的实际地址=0，即读取的是下位机继电器地址为 0 的信号内容）；通道数量=1。

则主机发出：

0x02(设备地址)+0x02(命令)+0x00(起始地址 Hi)+0x01h(起始地址 Lo)+0x00(点数 Hi)+0x0l(点数 Lo)+0xXX(CRC Hi)+0xXX(CRC Lo)。

从机响应：

0x02(设备地址)+0x02(命令)+0x01(字节数)+0xXX(数据字节)+0xXX(CRC Hi)+0xXX(CRC Lo)。

假设：设备地址=2；下位机继电器地址=2；通道数量=3。

则主机发出：

0x02(设备地址)+0x02(命令)+0x00(起始地址 Hi)+0x03(起始地址 Lo)+0x00(点数 Hi)+0x03(点数 Lo)+0xXX(CRC Hi)+0xXX(CRC Lo)。

从机响应：

0x02(设备地址)+0x02(命令)+0x01(字节数)+0xXX(数据字节)+0xXX(CRC Hi)+0xXX(CRC Lo)。

说明：8 个继电器可用一个字节表示；9 个继电器则需两个字节表示，字节中的位对应继电器的状态。

(2) 继电器类型：输出继电器(读/写)。

读采用功能码 0x01，写采用功能码 0x05。设备编号地址范围为 00001～09999。

MODBUS 读输出继电器状态时，使用 MODBUS RTU 通信协议的命令 1 (Read Coil Status)，类似于 MODBUS RTU 通信协议的命令 2 (Read Input Status)。

假设：设备地址=2；下位机继电器地址=3(MCGS 发送的继电器地址=4)；通道数量=4。

则主机发出：

0x02(设备地址)+0x01(命令)+0x00(起始地址 Hi)+0x04(起始地址 Lo)+0x00(点数 Hi)+0x04(点数 Lo)+0xXX(CRC Hi)+0xXX(CRC Lo)。

从机响应：

0x02(设备地址)+0x01(命令)+0x01(字节数)+0xXX(数据字节)+0xXX(CRC Hi)+0xXX(CRC Lo)。

MODBUS 写输出继电器时，使用 MODBUS RTU 通信协议的命令 5 (Force Single Coil)，强制单个线圈 ON 或 OFF。

置位操作(ON)，写的数据高 8 位=0xff。例如，采用 0x05：设备地址=1；继电器地址=65(=0x41)；通道数量=2。

主机发出：

0x01(设备地址)+0x05(命令)+0x00(起始地址 Hi)+0x42(起始地址 Lo)+0xff(写数据 Hi)+0x00(写数据 Lo)+0xXX(CRC Hi)+0xXX(CRC Lo)。

从机响应(基本原样返回)：

0x01(设备地址)+0x05(命令)+0x00(起始地址 Hi)+0x41(起始地址 Lo)+0xff(写数据 Hi)+0x00(写数据 Lo)+0xXX(CRC Hi)+0x XX(CRC Lo)。

接着主机发出：

0x01(设备地址)+0x05(命令)+0x00(起始地址 Hi)+0x43(起始地址 Lo)+0xff(写数据 Hi)+0x00(写数据 Lo)+0xXX(CRC Hi)+0xXX(CRC Lo)。

从机响应：

0x01(设备地址)+0x05(命令)+0x00(起始地址 Hi)+0x42(起始地址 Lo)+0xff(写数据 Hi)+0x00(写数据 Lo)+0xXX(CRC Hi)+0xXX(CRC Lo)。

清零操作(OFF)：

设：设备(PLC)地址=1；继电器地址=65(0x41)；通道数量=2。

则主机发出：

0x01(设备地址)+0x05(命令)+0x00(起始地址 Hi)+0x42(起始地址 Lo)+0x00(写数据 Hi)+0x00(写数据 Lo)+0xXX(CRC Hi)+0xXX(CRC Lo)。

从机响应：

0x01(设备地址)+0x05(命令)+0x00(起始地址 Hi)+0x41(起始地址 Lo)+0x00(写数据 Hi)+0x00(写数据 Lo)+0xXX(CRC Hi)+0xXX(CRC Lo)。

接着主机发出：

0x01(设备地址)+0x05(命令)+0x00(起始地址 Hi)+0x43(起始地址 Lo)+0x00(写数据 Hi)+0x00(写数据 Lo)+0xXX(CRC Hi)+0xXX(CRC Lo)。

从机响应：

0x01(设备地址)+0x05(命令)+0x00(起始地址 Hi)+0x42(起始地址 Lo)+0x00(写数据 Hi)+0x00(写数据 Lo)+0xXX(CRC Hi)+0xXX(CRC Lo)。

(3) 寄存器类型：输入寄存器(只读)，采用功能码 0x04。设备编号地址范围 30001 ～ 39999。

使用 MODBUS RTU 通信协议的命令 4 (Read Input Registers)。

例如，设备(PLC)地址=3；下位机寄存器地址=2；通道数量=4。

主机发出：

0x03(设备地址)+0x04(命令)+0x00(起始地址 Hi)+ 0x03(起始地址 Lo)+00h(点数 Hi)+04h(点数 Lo)+0xXX(CRC Hi)+0xXX(CRC Lo)。

从机响应：

0x03(设备地址)+0x04(命令)+0x08(字节数)+0xXX(数据 1 字节 Hi)+0xXX(数据 1 字节 Lo)+0xXX(数据 2 字节 Hi)+0xXX(数据 2 字节 Lo)+...+0xXX(数据 4 字节 Hi)+0xXX(数据 4 字节 Lo)+0xXX(CRC Hi)+0xXX(CRC Lo)。

(4) 寄存器类型：保持寄存器(只读)，采用功能码 0x03 读，采用功能码 0x06 写。设备编号地址范围 40001～49999。

使用 MODBUS RTU 通信协议的命令 3 (Read Holding Registers)，类似于 MODBUS RTU 通信协议的命令 4 (Read Input Registers)。

例如，设备地址=1；下位机寄存器地址=0；通道数量=3。

主机发出：

0x01(设备地址)+0x03(命令)+0x00(起始地址 Hi)+0x01(起始地址 Lo)+0x00(点数 Hi)+0x03(点数 Lo)+0xXX(CRC Hi)+0xXX(CRC Lo)。

从机响应：

0x01(设备地址)+0x03(命令)+0x06(字节数)+0xXX(数据 1 字节 Hi)+0xXX(数据 1 字节 Lo)+ 0xXX(数据 2 字节 Hi)+0xXX(数据 2 字节 Lo)+0xXX(数据 3 字节 Hi)+0xXX(数据 3 字节 Lo)+ 0xXX(CRC Hi)+0xXX(CRC Lo)。

(5) 寄存器类型：保持寄存器(写)，采用功能码 0x06。设备编号地址范围为 40001～49999。

读数使用 MODBUS RTU 通信协议的命令 3(Read Holding Registers)，写数使用 MODBUS RTU 通信协议的命令 6 (Preset Single Register)。

例如，为了便于对应，先举例说明读寄存器，设设备(PLC)地址=1；读下位机寄存器地址=3；通道数量=1。

主机发出 1：

0x01(设备地址)+0x03(命令)+0x00(起始地址 Hi)+0x04(起始地址 Lo)+0x00(点数 Hi)+ 0x01(点数 Lo)+0xXX(CRC Hi)+0xXX(CRC Lo)。

从机响应 1：

0x00h(设备地址)+0x03(命令)+0x02(字节数)+0xXX(数据字节 Hi)+0xXX(数据字节 Lo)+0xXX(CRC Hi)+0xXX(CRC Lo)。

写寄存器，设设备(PLC)地址=1；写寄存器地址=3；通道数量=1，写数据=0x305。

则主机发出 2：

0x01(设备地址)+0x06(命令)+0x00(起始地址 Hi)+0x04(起始地址 Lo)+0x03(数据 Hi)+ 0x05(数据 Lo)+0xXX(CRC Hi)+0xXX(CRC Lo)。

从机响应 2：

0x01(设备地址)+0x06(命令)+0x00(起始地址 Hi)+0x03(起始地址 Lo)+0x03(数据 Hi)+ 0x05(数据 Lo)+0xXX(CRC Hi)+0xXX(CRC Lo)。

(6) 寄存器类型：预置(写)多个保持寄存器，采用功能码 0x10。设备编号地址范围为 40001～49999。

写单个数使用 MODBUS RTU 通信协议的命令 6 (Preset Single Register)。若写多个寄存器数据，则使用功能码 0x10，把数据按顺序预置到(4X 类型)寄存器中。

设设备地址=0x02，预置两个数值，下位机起始寄存器地址为 0x00，预置数据为 0x0A，0x102，则主机发出：

0x02(设备地址)+0x10(命令)+0x00(起始地址 Hi)+0x01(起始地址 Lo)+0x00(寄存器个数 Hi)+0x02(寄存器个数 Lo)+0x00(数据 1 Hi)+0x0A(数据 1 Lo)+0x01(数据 2 Hi)+0x02(数据 2 Lo)+0xXX(CRC Hi)+0xXX(CRC Lo)。

从机响应：

0x02(设备地址)+0x10(命令)+0x00(起始地址 Hi)+0x00(起始地址 Lo)+0x00(寄存器个数 Hi)+0x02(寄存器个数 Lo)+0xXX(CRC Hi)+0xXX(CRC Lo)。

7.6.8　自动纠偏控制系统上位机监控界面设计

1．变量参数说明

　　自动纠偏控制系统的上位机界面如图 7-31 所示，具体包括以下一些元件及变量，如表 7-9 所列。

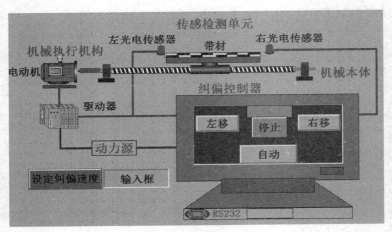

图 7-31　自动纠偏控制系统的上位机界面设计

表 7-9　自动纠偏控制系统涉及的元件及变量说明

序　号	元　件	变量名称	变量类型	说　明	地址	MCU 地址
1	通信变量	rs0	整型数	下位机统计的通信次数	40003	0002
2	工作台位移	workingtable	整型数	由下位机传给上位机，只读	40004	0003
3	电动机	motor	开关型	运行时 ON，停止时 OFF	40005.0	0004.0
4	左光电传感器	leftlimitswitch	开关型	由下位机传给上位机，只读	40005.4	0004.4
5	右光电传感器	rightlimitswitch	开关型	由下位机传给上位机，只读	40005.5	0004.5
6	屏左移按键	leftmovekey	开关型	由上位机传给下位机，只写	40301	300
7	屏右移按键	rightmovekey	开关型	由上位机传给下位机，只写	40302	301
8	屏下移按键	downmovekey	开关型	未用	40303	302
9	屏上移按键	upmovekey	开关型	未用	40304	303
10	屏停止按键	stopkey	开关型	由上位机传给下位机，只写	40305	304
11	屏自动按键	autokey	开关型	由上位机传给下位机，只写	40306	305
12	设定纠偏速度	AXsetspeed	整型数	由上位机传给下位机	40601	600

　　变量定义的说明如下。

　　纠偏工作台移动变量(workingtable)：代表丝杠上的螺母纠偏工作台的移动量，也代表上面带材的左右移动量。workingtable 数值变大，向右移动；workingtable 数值变小，向左移动。

　　电动机运转指示变量(motor)：电动机纠偏工作时，触摸屏上电动机的指示灯变亮，不工作时变暗。

左光电传感器信号(leftlimitswitch)：左光电传感器有信号，触摸屏上的左光电传感器时灯亮(ON)，否则灯暗(OFF)。

右光电传感器信号(rightlimitswitch)：右光电传感器有信号，触摸屏上的右光电传感器时灯亮(ON)，否则灯暗(OFF)。

触摸屏左移按键(X-: leftmovekey)：开关型，由上位机传给下位机，只写。

触摸屏右移按键(X+: rightmovekey)：开关型，由上位机传给下位机，只写。

触摸屏下移按键(Y-: downmovekey)：开关型，未用，留待以后扩展。

触摸屏上移按键(Y+: upmovekey)：开关型，未用，留待以后扩展。

触摸屏停止按键(stopkey)：开关型，屏幕中间的红色按键，由上位机传给下位机，只写。

触摸屏自动按键(autokey)：开关型，由上位机传给下位机，只写。

设定纠偏速度(AXsetspeed)：整型数，由上位机传给下位机，只写。

2. 通信参数设置说明

上位机需要实时与下位机保持联系，可以在"通用串口设备属性编辑"对话框中，设置父设备的最小采集周期=500ms；下位机可采用默认的设定，即最小采集周期=100ms，通信等待时间=200ms。通用串口设备属性编辑如图7-32所示。

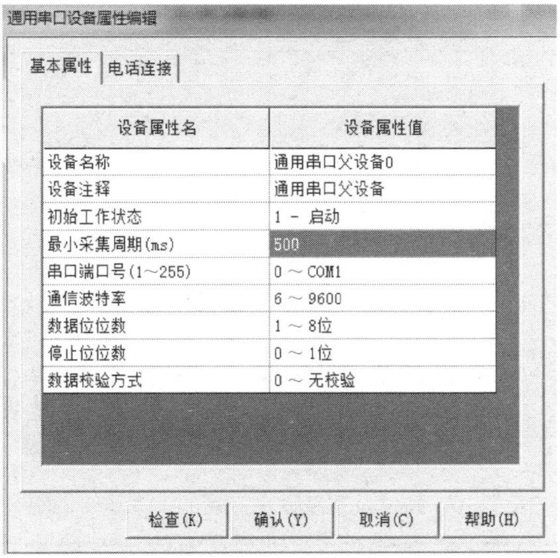

图 7-32　"通用串口设备属性编辑"对话框

在"设备窗口编辑"对话框中，单击"增加设备通道"按钮，并作如图 7-33 中的设置。图 7-33 中的连接变量是每个通信周期上位机跟下位机(如图 7-32 所示的最小采集周期：500ms)需要交换的数据。

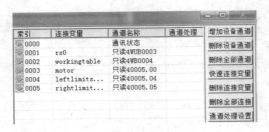

图 7-33　通道设置及连接

不需要每个通信周期都进行按键处理，可只在该按键按下时传输。说明如下。

屏左移按键(leftmovekey)、屏右移按键(rightmovekey)、屏停止按键(stopkey)、屏自动按键(autokey)和设定纠偏速度(AXsetspeed)等变量，可只在屏幕有输入的时候才将数据单独传给下位机。

对于设定纠偏速度(AXsetspeed)变量，可在"标准按钮构件属性设置"对话框中(如图 7-34 所示)添加脚本程序：!setdevice(设备 0, 6, "write(4,601,WUB=AXsetspeed)")。该语句表明，按键按下，向 4 区下位机地址为 600 的寄存器写入 16 位无符号的二进制数值AXsetspeed。其余变量脚本程序见表 7-10。

图 7-34　纠偏速度设定脚本程序

表 7-10　按键及速度设定变量的脚本程序说明

变量名称	脚本程序
AXsetspeed	!setdevice(设备 0, 6, "write(4,601,WUB=AXsetspeed)")
leftmovekey	!setdevice(设备 0, 6, "write(4,302,WUB=0)")　'右移键=0 !setdevice(设备 0, 6, "write(4,306,WUB=0)")　'自动键=0 !setdevice(设备 0, 6, "write(4,301,WUB=1)")　'左移键=1
rightmovekey	!setdevice(设备 0, 6, "write(4,301,WUB=0)")　'左移键=0 !setdevice(设备 0, 6, "write(4,306,WUB=0)")　'自动键=0 !setdevice(设备 0, 6, "write(4,302,WUB=1)")　'右移键=1

续表

变量名称	脚本程序
stopkey	!setdevice(设备 0, 6, "write(4,301,WUB=0)")　'左移键=0
	!setdevice(设备 0, 6, "write(4,302,WUB=0)")　'右移键=0
	!setdevice(设备 0, 6, "write(4,305,WUB=0)")　'停止键=0
	!setdevice(设备 0, 6, "write(4,306,WUB=0)")　'自动键=0
autokey	!setdevice(设备 0, 6, "write(4,301,WUB=0)")　'左移键=0
	!setdevice(设备 0, 6, "write(4,302,WUB=0)")　'右移键=0
	!setdevice(设备 0, 6, "write(4,306,WUB=1)")　'自动键=1

按键的脚本程序较纠偏速度设定多一些命令。因为各按键是互锁的，即按下左移键，原来处于右移的状态需要停止，因此，在表 7-10 中增加了另外两个设置命令。

停止键按下后，需要将左移键、右移键和自动键都清零，如果左移键、右移键和自动键都为零，纠偏系统不工作，因此，停止键置 1 或清 0 都没有关系，只要通过停止键的动作，将左移键、右移键和自动键都清零就可以实现纠偏系统停止工作。

3．实时数据库中变量的定义

实时数据库中，根据变量的定义及类型增加对象，具体内容如图 7-35 所示。

在 MCGS 组态软件的元件库中，选取所需要的元件，按照自动纠偏控制系统的构成进行可视化界面设计(完成的上位机可视化界面如图 7-31 所示)。

图 7-35　实时数据库中的变量定义

7.7　自动纠偏控制器软件设计

下位机采用 STM32 单片机。作为从机，需要完成自动纠偏控制系统的功能，包括：通信，需要接收上位机的指令，并做出解释及执行指令；根据按键指令完成动作；根据光电传感器信号，自动进行纠偏操作；驱动步进电动机运转，使工作台左右移动。

7.7.1 自动纠偏控制系统的 RS-232 通信说明

1. 上、下位机通信发送、接收缓冲区

接收缓冲区：

下位机嵌入式 STM32 工控板接收上位机触摸屏的指令与数据，定义 8 位字节数组 "unsigned char RSCOMDATA[50];" 作为接收数组缓冲区。

例如，可定义如下。

```
RSCOMDATA[0];//站号
RSCOMDATA[1]; //功能代码，例如，可为 0x03 读取寄存器数据，0x10 预置多个寄存器
RSCOMDATA[2]; //寄存器地址高 8 位
RSCOMDATA[3]; //寄存器地址低 8 位
RSCOMDATA[4]; //通道数量高 8 位
RSCOMDATA[5]; //通道数量低 8 位
RSCOMDATA[6]; //校验码高 8 位
RSCOMDATA[7]; //校验码低 8 位
RSCOMDATA[8-49]; //备用
```

发送缓冲区：

```
unsigned char RS420[50]; //定义下位机发给上位机的数组缓冲区
RS420[0]; //站号，例如，设本机站号地址=0x02
RS420[1]; //例如，功能码=0x03 或=0x10
RS420[2]; //要发送的字节数=0x06
RS420[3]; //[数据 1]高 8 位=rs0 高 8 位(u16)通信计数变量
RS420[4]; //[数据 1]低 8 位=rs0 低 8 位
RS420[5]; //[数据 2]高 8 位=workingtable(s16)纠偏工作台位移变量
RS420[6]; //[数据 2]低 8 位=workingtable 低 8 位
RS420[7]; //[数据 3]高 8 位= BITBANDIOIMG 次低 8 位(u32)输入引脚影像变量，实际上包
                 括包括左、右光电传感器和电动机的位变量。高和次高 8 位没用
RS420[8]; //[数据 3]低 8 位= BITBANDIOIMG 低 8 位
RS420[9]; //CRC 高 8 位
RS420[10];//CRC 低 8 位
```

2. 功能码为 0x03 读寄存器数据程序说明

功能码为 0x03 读寄存器数据，实际上就是读图 7-33 中通道设置及连接中的变量。

根据站号 0x02，功能码 0x03，要回送的字节数=0x06，即包括通信变量计数 rs0(两个字节)，纠偏工作台移动变量 workingtable(两个字节)，左、右光电传感器的位变量、电动机工作状态变量(两个字节)，以及 CRC 校验数值，分别赋给发送缓冲区数组 RS420[50]对应的字节中，然后调用功能码 0x03 的子程序段，即可响应上位机的读寄存器数据命令。

在下位机程序中，采用 if 判断语句，判断上位机发过来的功能码是否是 0x03。

首先，在 Keil arm C 的编译环境中定义如下。

```
unsigned short rs0, woringtable;    //通信次数+1；每一个 0x03 功能码通信一次，
rs0=rs0+1;
```

```
float f_axmotor;    //为便于计算，将上位机的workingtable变量在下位机用浮点数表示；
unsigned char IOIMG1;  //IO口影像变量，高8位，未用
unsigned char IOIMG0;  //IO口影像变量，低8位，
//IOIMG0.0:电动机运转位，OIMG0.4: 左光电传感器，OIMG0.5: 右光电传感器。
//根据电动机运转和实际光电传感器的信号，通过"与""或"使IO口影像变量IOIMG0
相应的位发生变化。
if (RSCOMDATA[1]==0x03)    //0x03功能码，读取寄存器数据；
   //根据图7-33的通道设置及连接变量
//[站号][功能码][寄存器地址][所要回送的字的数量][校验码]
   //上位机发送 0x02   0x03  0x00 0x02(MCGS:40003)   0x00  0x03 0xXX  0xXX
//下位机接收 0x02  0x03  0x00 0x02  0x00  0x03  0xXX  0xXX
   // RSCOMDATA[0]  [1]  [2]  [3]  [4]  [5]  [6]  [7]
//下位机回送数据格式应为：
[站号][功能码][回送数据的字节数][rs0高8位][rs0低8位]
[workingtable高8位][workingtable低8位][输入口影像高8位] [输入口影像低8位]
[CRC校验高8位][CRC校验低8位]共计11个字节。
{
RS420[0]= RSCOMDATA[0];   //站号=0x02；
RS420[1]= RSCOMDATA[1];   //回送上位机功能码赋值=0x03；
RS420[2]=RSCOMDATA[5]*2;   //回传数据的字节数=0x03×2=0x06；
rs0++;              //每读一次寄存器数据，通信变量加1；
    RS420[3]=rs0/256;    //通信变量的高8位；
    RS420[4]=rs0%256;    //通信变量的低8位；
workingtable=(signed short)f_axmotor; //将纠偏电动机的位置坐标赋值给上位机；
RS420[5]=workingtable/256;  //纠偏工作台移动变量的高8位；
    RS420[6]=workingtable%256;  //纠偏工作台移动变量的低8位；
    RS420[7]=IOIMG1;    //IO口影像，高8位，未用
    RS420[8]=IOIMG0;    //IO口影像，低8位，
//40004.0电动机状态，40004.4左光电传感器，40004.5右光电传感器
RS420[9]= (CRC16(RS420, RS420[2]+3))/256;    //CRC校验高8位
   RS420[10]= (CRC16(RS420, RS420[2]+3))%256;   //CRC校验低8位
    //下位机发送给上位机触摸屏的回送数据
 for (i=0;i<11;i++)   //共计11个字节
  {
   USART1_sendchar(RS420[i]);     //子程序，采用查询方式通过串行口发送数据给上位机
  }
}
```

采用查询方式，通过串行口1发送子程序如下。

```
void USART1_sendchar(unsigned char c_data)      // c_data需要发送的字节
{
    USART_SendData(USART1,c_data);   //通过串口1，发送字节
    while(USART_GetFlagStatus(USART1,USART_FLAG_TXE)==RESET);  //等待数据发
                                送完毕
USART_ClearFlag(USART1,USART_FLAG_TC);   //清除发送标志位
}
```

当然，也可以用中断发送的方式通过串口发送数据。

3. 功能码为 0x10 预置寄存器数据程序说明

功能码为 0x10 预置寄存器数据，实际上就是将设定的纠偏速度和按键数值分别发送给下位机。

例如，上位机向站号 2、寄存器地址 0x0007 中发送 0x0004 数据串，则下位机接收 11 数据如下。

```
RSCOMDATA[0]=0x02;  //站号
RSCOMDATA[1]=0x10; //功能码
RSCOMDATA[2]=0x00; //寄存器地址高 8 位(MCGS 上位机地址+1，即 7)
RSCOMDATA[3]=0x06; //寄存器地址低 8 位(MCGS 上位机地址+1，即 7)
RSCOMDATA[4]=0x00; //写寄存器数据高 8 位
RSCOMDATA[5]=0x01; //写寄存器数据低 8 位
RSCOMDATA[6]=0x02; //数据字节数 2(表示后面是发送的数据 0004，占有两个字节)
RSCOMDATA[7]=0x00; //发送数据高 8 位
RSCOMDATA[8]=0x04; //发送数据低 8 位
RSCOMDATA[9]=0xB3; //CRC 高 8 位
RSCOMDATA[10]=0x05; //CRC 低 8 位
```

虽然功能码 0x10 可预置多个寄存器数据，但为了便于说明，仅以编写预置单个寄存器的程序段(包括下位机获取按键内容和设定纠偏速度的子程序)进行说明。

1) 下位机获取按键内容

为了接收上位机的按键内容，以便根据按键进行操作，在下位机中定义了按键的数组，具体如下。

```
unsigned short KEY[6]; //按键数组
```

说明如下：

```
KEY[0];    //左移键(X-):  leftmovekey    地址=300
KEY[1];    //右移键(X+):  rightmovekey   地址=301
KEY[2];    //下移键(Y-): (留待以后扩展)
KEY[3];    //上移键(Y+): (留待以后扩展)
KEY[4];    //停止键: stopkey  地址=304
KEY[5];    //自动键: autokey  地址=305
```

根据表 7-9 可知：

左键寄存器地址=300。

右键寄存器地址=301。

停止键地址=304。

自动键地址=305。

为了能够直接通过通信接收的寄存器地址将键值的数据赋给按键数组，设置一地址偏移量：

```
#define KEYADDRESS 300   //按键命令起始地址
```

这样，将接收缓冲区的 RSCOMDATA[2]*256+RSCOMDATA[3]组合后，可得发来的按键寄存器地址。例如，若是自动键的寄存器地址，则为 305，设 KEYIJ 为按键数组下标：

则：KEYIJ=RSCOMDATA[2]*256+RSCOMDATA[3]- KEYADDRESS=5；

即为 LKEY[5]，说明是自动按键的设置。可根据自动按键的功能执行命令。

下位机按键程序段解释说明如下。

```
if (RSCOMDATA[1]==0x10)//表示是功能码 0x10，预置多个寄存器或预置单个寄存器
{
if (((RSCOMDATA[2]*256+RSCOMDATA[3])>=300)
&&((RSCOMDATA[2]*256+RSCOMDATA[3])<600))
//符合按键寄存器范围，设定按键范围地址为 300～600
{
KEYIJ=RSCOMDATA[2]*256+RSCOMDATA[3]-KEYADDRESS; //获取按键数组下标
KEY[KEYIJ]= RSCOMDATA[7]*256+RSCOMDATA[8]; //取得键值内容
// 数值=1，表示此按键按下=0，表示没有
 //按键数值赋值完成后需向上位机返回数据，调用功能码为 0x10 的返回数据子程序
//按键数值获取成功后，从机响应，回送数据
RS420[0]= RSCOMDATA[0];    //下位机地址：0x02;
RS420[1]= RSCOMDATA[1];    //功能码：0x10;
RS420[2]= RSCOMDATA[2];    //寄存器地址高 8 位：0x01。对应屏右移按键(301);
RS420[3]= RSCOMDATA[3];    //寄存器地址低 8 位：地址 0x012C=300,
RS420[4]= RSCOMDATA4;      //通道数量高 8 位：0x00
RS420[5]= RSCOMDATA[5];    //通道数量低 8 位，仅为触摸屏左按键 1 个，0x01
RS420[6]= (CRC16(RS420, 6))/256;     //前面有 6 个字节，CRC 校验高 8 位
    RS420[7]= (CRC16(RS420, 6))%256;    //CRC 校验低 8 位
for (i=0;i<8;i++)    //共计 11 个字节
    {
    USART1_sendchar(RS420[i]);         //子程序，采用查询方式通过串行口发送数据给
                                         上位机
    }
}
}
```

2) 下位机获取纠偏速度设定值

在下位机定义纠偏速度变量：

```
unsigned short AXsetspeed;//纠偏速度设定值
```

程序段如下：

```
if (RSCOMDATA[1]==0x10)//表示是功能码 0x10，预置多个寄存器或预置单个寄存器
{
if ((RSCOMDATA[2]*256+RSCOMDATA[3])==600)
 //表示上位机给出下位机纠偏速度，600 为纠偏速度地址
{
AXsetspeed= RSCOMDATA[7]*256+RSCOMDATA[8]; //将设定内容赋给纠偏速度变量
//在此将 RS420[0]… 对应的数值赋值，以便返回回送数据
RS420[0]= RSCOMDATA[0];    //下位机地址：0x02;
RS420[1]= RSCOMDATA[1];    //功能码：0x10;
RS420[2]= RSCOMDATA[2];    //寄存器地址高 8 位：600 的高 8 位：0x02
RS420[3]= RSCOMDATA[3];    //寄存器地址低 8 位：600 的低 8 位：0x58
RS420[4]= RSCOMDATA4;      //通道数量高 8 位：0x00
RS420[5]= RSCOMDATA[5];    //通道数量低 8 位，仅为 1 个 16 位数据：0x01
RS420[6]= (CRC16(RS420, 6))/256;     //前面有 6 个字节，CRC 校验高 8 位
    RS420[7]= (CRC16(RS420, 6))%256;    //CRC 校验低 8 位
for (i=0;i<8;i++)    //共计 11 个字节，回送预置多寄存器返回值，从机响应
```

```
        {
            USART1_sendchar(RS420[i]);              //子程序，采用查询方式通过串行口发送数据给
                                                      上位机
        }
    }
}
```

上述程序段将接收的设定纠偏速度数据赋给 AXsetspeed 变量后，根据 MODBUS 协议要求，回送响应数据给上位机，下位机根据接收的设置速度数据调整电动机速度。

7.7.2　电动机纠偏速度的调整

设置参数接收后，需要根据通信的指令完成相应的功能。在下位机中，电动机纠偏速度是需要根据设定的数值进行调整的一个参数。

步进电动机的运行速度与微处理器给定的脉冲频率有关，可采用定时器调整步进电动机的脉冲频率。下面利用 STM32 的 TIMER2 定时器中断，说明如何实现步进电动机纠偏速度的调整。

1. TIMER2 定时器的定时设定

采用 TIMER2 定时器产生定时中断，给步进电动机驱动器发送脉冲指令信号。根据 STM32 使用手册，定时时间计算公式如下。

$$T = \frac{(TIM\_Period+1) \times (TIM\_Prescaler+1)}{TIMxCLK} \tag{7-2}$$

式中：TIM_Period ——定时周期，设置在下一个更新事件中自动重装载寄存器周期的值，取值范围在 0x0000 和 0xFFFF 之间；

　　　TIM_Prescaler ——设置用来作为 TIMxCLK 时钟频率除数的预分频值，取值范围在 0x0000 和 0xFFFF 之间；

　　　TIMxCLK ——RCC 提供的内部时钟 TIMxCLK，通常 TIMxCLK =72MHz。

例如，若使定时器设定时间为 0.5ms，可令

TIM_Period =3599。

TIM_Prescaler =9。

TIMxCLK =72MHz。

则有

$$T = \frac{(TIM\_Period+1) \times (TIM\_Prescaler+1)}{TIMxCLK} = \frac{(3599+1) \times (9+1)}{72} = 0.5(ms)$$

2. 脉冲的产生与纠偏速度

通过定时器来完成引脚状态的改变，每进一次定时器中断，引脚状态取反一次，因此，完成一个脉冲需要进两次定时器中断。为此，需要计算出半个脉冲的时间间隔。根据定时器定时的计算公式(7-2)，若设 TIM_Prescaler =999，由于系统时钟 TIMxCLK =72MHz，则有：

$$T = \frac{(\text{TIM\_Period}+1) \times (999+1)}{72\text{MHz}} = \frac{(\text{TIM\_Period}+1) \times (999+1)}{72\text{MHz}} = 半个脉冲的时间间隔$$

假设纠偏工作台移动速度为 υ (mm/s)，滚珠丝杠螺距 s_c =5mm，每转脉冲数 $p_c = 500$，则每秒的脉冲数 $= \frac{\upsilon}{s_c} \times p_c = \frac{\upsilon}{5} \times 500$，即在1秒钟内，需发出 $\frac{\upsilon}{5} \times 500$ 个脉冲，则

$$1 个脉冲所需时间 = \frac{s_c}{\upsilon \times p_c} = \frac{5}{\upsilon \times 500}s = \frac{0.01}{\upsilon}s$$

假定脉冲正半周和负半周的时间相同，则半个脉冲所用的时间 $= \frac{s_c}{\upsilon \times p_c} \times \frac{1}{2} = \frac{0.005}{\upsilon}s$

$$\text{TIM\_Period} = \frac{72000000 \times 0.005}{\upsilon \times (\text{TIM\_Prescaler}+1)} - 1 = \frac{72000000 \times 0.005}{\upsilon \times (\text{TIM\_Prescaler}+1)} - 1 \tag{7-3}$$

若设纠偏速度 $\upsilon = 1\text{mm/s}$，TIM_Prescaler=999，则 TIM_Period 的初装值为

$$\text{TIM\_Period} = \frac{72000000 \times 0.005}{\upsilon \times (\text{TIM\_Prescaler}+1)} - 1 = \frac{72000000 \times 0.005}{1 \times (999+1)} - 1 = 359$$

为了便于理解 TIM_Period 与电动机速度之间的关系，可参照表 7-11 中 TIM_Period 与电动机纠偏速度的对应值。

表 7-11　TIM_Period 与电动机纠偏速度之间的关系

纠偏速度 υ /(mm/s)	TIM_Period	半个脉冲的时间 T/ms
2	179	2.5
1	359	5
0.5	719	10
0.1	3599	50
0.05	7199	1000

当然，可根据式(7-3)计算出其他合适的纠偏速度，也可更改 TIM_Prescaler 的初装值，以便获得更大的脉冲时间变换范围。

3. TIMER2 定时器的初始化子程序

纠偏系统采用 TIMER2 定时器作为纠偏电动机的脉冲变换输出。为了根据设定的电动机速度进行纠偏，将定时器中的自动重装载寄存器周期的值 TIM_Period 与设定的纠偏速度 AXsetspeed 关联。为此，首先需要对 TIMER2 定时器进行初始化。初始化子程序如下。

```
void Timer2_init(unsigned short Timer2_Period);
```

子程序所带参数可由上位机的触摸屏来设定，即根据触摸屏设定的纠偏速度，通过式(7-3)计算出 Timer2_Period，装入 TIMER2 定时器的初始化子程序，完成脉冲输出周期的改变，从而按照要求改变步进电动机的运行速度，即纠偏速度。

```
//定时器 2 中断初始化程序，用于纠偏电动机脉冲输出
void Timer2_init(unsigned short Timer2_Period); //定时器 2 初始化子程序
{
TIM_TimeBaseInitTypeDef  TIM_TimeBaseStructure ;  // 定时器函数原型
```

```
NVIC_InitTypeDef  NVIC_InitStructure;    //中断向量函数原型
RCC_APB1PeriphClockCmd(RCC_APB1Periph_TIM2,ENABLE);     //打开 TIM2 外设时钟
TIM_DeInit(TIM2);    //寄存器重设为默认值
TIM_InternalClockConfig(TIM2); //设置 TIMxCLK 内部时钟
TIM_TimeBaseStructure.TIM_Period =Timer2_Period;  //更改此数值,可改变纠偏速度
//设置在下一个更新事件中装入活动的自动重装载寄存器周期的值;
    TIM_TimeBaseStructure.TIM_Prescaler = 999;  //此值若需要,也可换成参数更改
//设置用来作为 TIMxCLK 时钟频率除数的预分频值
        TIM_TimeBaseStructure.TIM_ClockDivision =0;  //设置时钟分割
TIM_TimeBaseStructure.TIM_CounterMode = TIM_CounterMode_Up;
//设置计数器模式为向上计数模式
TIM_TimeBaseInit(TIM2,&TIM_TimeBaseStructure);      //将配置应用到 TIM2 中
        TIM_ClearFlag(TIM2,TIM_FLAG_Update);          // 清除标志
TIM_ITConfig(TIM2, TIM_IT_Update, ENABLE);  //开定时器中断
TIM_Cmd(TIM2, ENABLE);  //使能 TIMxCLK 外设, 使能 TIM2 中断
NVIC_InitStructure.NVIC_IRQChannel = TIM2_IRQn;  //使能指定的 IRQ 通道
        NVIC_InitStructure.NVIC_IRQChannelPreemptionPriority = 3;
//设置成员 NVIC_IRQChannel 中的先占优先级别
        NVIC_InitStructure.NVIC_IRQChannelSubPriority = 0;
//设置成员 NVIC_IRQChannel 中的从优先级别
NVIC_InitStructure.NVIC_IRQChannelCmd = ENABLE;  //使能
//该参数指定在成员 NVIC_IRQChannel 中定义的 IRQ 通道被使能还是失能:使能
NVIC_Init(&NVIC_InitStructure);
//根据 NVIC_InitStructure 中指定的参数初始化外设 NVIC 寄存器
}
```

例如,若设定纠偏速度 $\upsilon = 1\mathrm{mm/s}$,则可调用 Timer2_init(359)子程序,实现按设定速度的纠偏操作。

7.7.3 纠偏工作台移动程序说明

1. 输出、输入口的定义与配置

对 STM32 微处理器,输出、输入口要先定义,后使用。

纠偏系统中使用了 3 个输出口,实际编程中仅用了两个输出口,对照图 7-23,步进电动机的脉冲输出引脚为 PB5(标号 PUC),方向输出引脚为 PB4(标号 DRC)。光电传感器的输入引脚有两个,对照图 7-23,左光电传感器的输入引脚为 PA0(标号 SigLC),右光电传感器的输入引脚为 PA1(标号 SigRC)。为此,可用宏定义如下。

```
#define PUC  GPIO_Pin_5    //PB5,脉冲引脚
#define DRC  GPIO_Pin_4    //PB4,方向引脚
#define SigLC GPIO_Pin_0 //PA0,左光电传感器
#define SigRC GPIO_Pin_1 //PA1,右光电传感器
#define  PUC_ON  GPIO_ResetBits(GPIOB, PUC)   //脉冲引脚低电平
#define  PUC_OFF  GPIO_SetBits(GPIOB, PUC)     //脉冲引脚高电平
#define  DRC_ON  GPIO_ResetBits(GPIOB, DRC)   //方向引脚低电平
#define  DRC_OFF  GPIO_SetBits(GPIOB, DRC)     //方向引脚高电平
```

IO 口配置子程序如下。

```
void GPIO_Configuration(void)
{
GPIO_InitTypeDef GPIO_InitStructure; //声明一个结构体，名字是 GPIO_InitStructure
GPIO_DeInit(GPIOA); //将外设 GPIOA 寄存器重设为默认值
GPIO_DeInit(GPIOB); //将外设 GPIOB 寄存器重设为默认值
//由于输出口使用了 PB3、PB4 等引脚，而这些引脚的主功能为 JTAG 调试用，因此，使用 Remap
功能将其配置成普通的 IO，就可以正常使用了
GPIO_PinRemapConfig(GPIO_Remap_SWJ_JTAGDisable, ENABLE); //使能 SW 两线调试功能
    //输入口配置成上拉输入：PA0、PA1
        GPIO_InitStructure.GPIO_Pin= SigLC|SigRC;    // PA0、PA1，左、右光电传感器
        GPIO_InitStructure.GPIO_Mode = GPIO_Mode_IPU;    //上拉输入
        GPIO_InitStructure.GPIO_Speed = GPIO_Speed_50MHz; //IO 口速度
GPIO_Init(GPIOA, &GPIO_InitStructure);  //根据指定参数初始化端口 PA0、PA
        GPIO_SetBits(GPIOA, SigLC|SigRC);  //平时置高电平
        //输出口配置成推挽输出：PB4、PB5
    GPIO_InitStructure.GPIO_Pin = PUC|DRC;
GPIO_InitStructure.GPIO_Mode = GPIO_Mode_Out_PP;  //输出口配置成推挽输出：
                                                       PB4、PB5
        GPIO_InitStructure.GPIO_Speed = GPIO_Speed_50MHz;  //IO 口速度
        GPIO_Init(GPIOB, &GPIO_InitStructure); //根据指定参数初始化端口：PB4、PB5
        GPIO_SetBits(GPIOB, PUC|DRC);  //平时置高电平
    }
```

2. 移动一个脉冲当量的子程序

由于纠偏工作台所使用的滚珠丝杠的螺距 s_c=5mm，步进电动机每转脉冲数 $p_c=500$，可知，脉冲当量 $\delta=\dfrac{s_c}{p_c}=\dfrac{5}{500}=0.01(\text{mm}/\text{p})$。定义宏 mmDELT 为脉冲当量，则有

```
#define mmDELT  0.01    //脉冲当量宏定义，每个脉冲可走 0.01mm
```

由于一个脉冲的发出，需要一个低电平和一个高电平，即需要进两次定时器中断，完成输出脉冲引脚电平的变换。每进一次，取反一次，因此，需要再定义一个奇偶的变量 IM2_ODDOREVEN 作为标志，完成取反变换，具体如下。

```
unsigned char TIM2_ODDOREVEN //进定时器中断的奇偶变量，每进一次 TIMER2 定时器，
                                取反 1 次
```

这样，向左移动一个脉冲的子程序如下。

```
void leftmoveonepulse(void) //向左移动一个脉冲
{
  DRC_ON; //先送方向，方向引脚低电平，左移，GPIO_ResetBits(GPIOB, DRC)
If  (TIM2_ODDOREVEN==0xFF)
{
  PUC_ON; //脉冲引脚低电平
}else
{
PUC_OFF; //脉冲引脚高电平，一低一高，送出一个完整的脉冲
f_axmotor=f_axmotor-mmDELT;  //f_axmotor 纠偏工作台总的左移距离
    }
TIM2_ODDOREVEN=~TIM2_ODDOREVEN;  //每进一次中断，变量取反 1 次
  }
```

向右移动一个脉冲的子程序如下。

```
void rightmoveonepulse(void)//向右移动一个脉冲
{
  DRC_OFF；//先送方向，方向引脚高电平，右移，GPIO_SetBits(GPIOB, DRC)
if (TIM2_ODDOREVEN==0xFF)
{
  PUC_ON；//脉冲引脚低电平
}else
{
PUC_OFF；//脉冲引脚高电平，一低一高，送出一个完整的脉冲
f_axmotor=f_axmotor+mmDELT；//f_axmotor 纠偏工作台总的右移距离
    }
TIM2_ODDOREVEN=~TIM2_ODDOREVEN；//每进一次中断，变量取反1次
}
```

3. 纠偏工作台的手动操作

纠偏工作台的手动操作分为手动向左移动和手动向右移动，可根据按键数组的对应值进行。

手动向左移动，程序段如下。

```
if (KEY[0]==1)  // KEY[0]，左移键值为1，纠偏工作台手动左移
    {
leftmoveonepulse();//调用向左移动一个脉冲子程序
}
```

手动向右移动，程序段如下。

```
if (KEY[1]==1)  // KEY[1]，右移键值为1，纠偏工作台手动右移
    {
rightmoveonepulse();//调用向右移动一个脉冲子程序
}
```

4. 纠偏工作台的自动移动程序段

根据传感器信号，可实现纠偏工作台的自动左移和自动右移。

自动纠偏的时候，首先需要判断左、右光电传感器是否有信号。采用双光电传感器进行纠偏时，需要以下几个步骤。

① 若左光电==0 (ON)，右光电==1(OFF)，则向右移动。

② 若左光电==0(ON)，右光电==1(OFF)，做步骤①；否则，做步骤③。

③ 若右光电==0(ON)，左光电==1(OFF)，则向左移动。

④ 若右光电==0(ON)，左光电==1(OFF)，做步骤③；否则，做步骤⑤。

⑤ 若左、右光电同时==1(OFF)或者== 0(OFF)，则纠偏系统静止。

自动右移程序如下

```
//SigLC 为左光电传感器信号引脚，SigRC 为右光电传感器信号引脚
if ((GPIO_ReadInputDataBit(GPIOA,
SigLC)==0)&&(GPIO_ReadInputDataBit(GPIOA, SigRC)!=0))
{   //左==0，右!=0，则向右移动
 rightmoveonepulse();//向右移动一个脉冲
}
```

自动左移程序如下。

```
if ((GPIO_ReadInputDataBit(GPIOA,
SigLC)!=0)&&(GPIO_ReadInputDataBit(GPIOA, SigRC)==0))
{   //左!=0，右==0，则向左移动
   leftmoveonepulse();//向左移动一个脉冲
 }
```

不满足自动左移或自动右移的 if 判断语句，纠偏系统就处于静止状态。

当然，若每次向左或向右移动一个脉冲当量过小，也可连续向左或向右移动几个脉冲
当量。

如，连续向右纠偏 0.05 的步长，程序段如下。

```
if ((GPIO_ReadInputDataBit(GPIOA,
SigLC)==0)&&(GPIO_ReadInputDataBit(GPIOA, SigRC)!=0))
{   //左==0，右!=0，则向右移动
rightmoveonepulse();//向右移动一个脉冲
rightmoveonepulse();//向右移动一个脉冲
rightmoveonepulse();//向右移动一个脉冲
rightmoveonepulse();//向右移动一个脉冲
rightmoveonepulse();//向右移动一个脉冲
 }
```

7.7.4　自动纠偏控制程序流程

上、下位机的通信传递了上、下位机所需要的数据变量和命令。下位机根据设定的纠
偏速度、手动左移调整、手动右移调整、自动调整和停止等指令，完成自动纠偏控制过
程。纠偏控制程序流程图如图 7-36 所示。

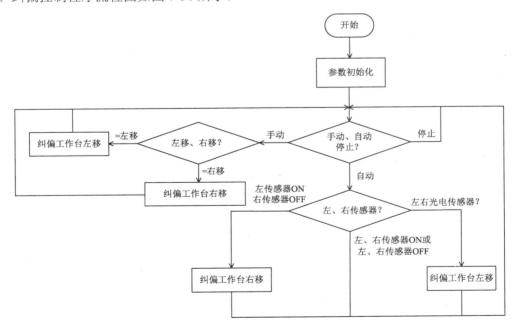

图 7-36　纠偏控制程序流程图

程序开始，首先要进行一些参数的初始化，如 IO 口的设置与配置、定时器的设置与配置等；然后，根据按键指令，判断是手动、自动还是停止。

若手动，则需要判断是根据左移键还是右移键，进行纠偏工作台移动。

若自动，则需要根据左、右光电传感器的信号，实现左移或右移纠偏工作台。

复习思考题

一、简答题

1. 简要说明纠偏系统的工作原理。

2. 纠偏控制系统按照控制类型来区分，至少可分为哪两种？

3. 比较单、双光电传感器纠偏的优、缺点。

4. 简要说明人机界面的含义。

5. 说明 MODBUS 命令 0x03 读保持寄存器 0x12 0x30 0x00 0x01 0x00 0x03 CRCH CRCL 的意义。

6. 说明 MCGS 组态软件系统的 5 个组成部分。

7. 说明纠偏系统的应用。

8. 说明自动纠偏系统包括的 3 个部分。

二、填空题

1. 典型的纠偏系统包括纠偏(   )，纠偏(   )和纠偏机械(   )等。

2. 纠偏的主要技术参数有(   )、(   )和(   )。

3. 对单光电传感器的边缘检测进行纠偏，面向前进方向，光电传感器放在物料的左边，若光电传感器没有检测到物料，纠偏系统应该向(   )移动。

4. 自动纠偏机械执行机构有(   )、(   )和液压站+液压缸等形式。

5. 传感器的信号输出采用 NPN 管集电极开路输出，也被称为(   )门，特点是有比较大的灌电流能力。

6. 可控硅采用移相触发，可改变导通的(   )，并可控制每个半波内的输出大小。

7. 自动纠偏控制系统的整体电路包括 4 个部分：RS-232 通信单元接口电路、(   )接口电路、(   )接口电路和微处理器 MCU 单元电路。

8. 由于自动纠偏需要步进电动机的正反转，所以电动机驱动器接口信号单元电路中的微处理器至少有(   )引脚和步进电动机驱动器相连。

9. MCGS 组态软件的应用系统由主控窗口、设备窗口、(   )、(   )和(   )等 5 个部分组成。

10. MODBUS 协议通信中的主设备可单独和从设备通信，也能以(   )方式和所有从设备通信。

11. MODBUS 协议使用 RTU 模式，消息的起始发送至少要以(   )时间的停顿间隔开始。

12. MCGS 的开关量的取值可以是 0，也可以是(   )。

13. MCGS 组态软件由窗口、实时数据库和运行策略构成，(　　　)主要是让设计的组态界面完成特定的功能。

14. MODBUS 有两种传输模式：ASCII 或(　　　)。

15. MODBUS 有两种传输模式，在同样的波特率下，RTU 可比 ASCII 模式传送(　　)的数据。

16. 上位机触摸屏与下位机单片机进行相连，其变量的关联是通过(　　　)。

17. 微处理器输送给步进电动机驱动的脉冲，可通过定时器来完成微处理器引脚状态的改变。每进一次定时器中断，引脚状态取反一次。因此，完成一个脉冲需要进(　　　)次定时器中断。

18. 采用 STM32 微处理器，其宏定义为：

```
#define PUC_ON  GPIO_ResetBits(GPIOB, GPIO_Pin_5)
```

此语句中的 GPIO_ResetBits(GPIOB, GPIO_Pin_5)是将 PB5 引脚置(　　　)电平。

三、选择题

1. 自动纠偏控制系统多采用(　　　)开关信号进行偏移位置检测。

　　A. 光电　　　　　B. 行程　　　　　C. 继电器　　　　D. 频率

2. 光电自动纠偏系统是对物料在传送过程中，如皮带输送、轧钢钢板输送、纸张输送等(　　　)的方向位置偏移进行控制的系统。

　　A. 纵向　　　　　B. 水平或横向　　C. 上下　　　　　D. 前后

3. 色标传感器的光源采用红、绿、蓝、白等多种颜色，主要被用于线条位置控制，提高其通用性，以适应不同颜色的线条。通常若是红色线条，最好采用(　　　)光源。

　　A. 白色　　　　　B. 红色　　　　　C. 绿色　　　　　D. 蓝色

4. RS-232 为(　　　)单机通信，若多机通信，则需要采用 RS-485 电路接口。

　　A. 多机　　　　　B. 主从　　　　　C. 远距离　　　　D. 点对点

5. MODBUS 协议通信中，地址(　　　)用作广播地址，以使所有的从设备都能认识。

　　A. 0　　　　　　　B. 100　　　　　　C. 1　　　　　　　D. 128

6. MODBUS 协议通信中，读取保持寄存器的代码是(　　　)。

　　A. 0x01　　　　　B. 0x05　　　　　C. 0x04　　　　　D. 0x03

7. MCGS 组态软件通过(　　　)基本元件实现按下和抬起功能。

　　A. 按钮　　　　　B. 标签　　　　　C. 指示灯　　　　D. 输入框

8. 利用 MCGS 的(　　　)基本元件，可实现变量的显示。

　　A. 按钮　　　　　B. 标签　　　　　C. 指示灯　　　　D. 输入框

9. MODBUS 协议使用 RTU 模式，消息发送至少要以(　　　)个字符时间的停顿间隔开始。

　　A. 1　　　　　　　B. 2　　　　　　　C. 3　　　　　　　D. 3.5

10. 在一个或多个保持寄存器中取得当前的二进制值，即读取保持寄存器的功能码是(　　　)。

　　A. 0x01　　　　　B. 0x02　　　　　C. 0x03　　　　　D. 0x04

11. MCGS 的变量地址和下位机的同一变量地址有所不同，同一变量地址上位机比下位机(　　)。

      A. 多 2   B. 相同   C. 少 1   D. 多 1

12. 采用单片机 C 语言进行串行口通信编程，在传输无符号整型数值时，需将无符号整型数值变成两个 8 位的字节。例如，若将保持寄存器中的温度数值 800℃分解为两个字节，其低字节为 0x20(十进制 30)，高字节为(　　)。

      A. 0x01   B. 0x02   C. 0x03   D. 0x04

第 8 章　XY 数控工作台

- 掌握典型机电一体化系统的基本单元 XY 数控工作台的结构及工作原理。
- 能够采用单片机系统，进行 XY 数控工作台控制系统的硬件设计。
- 进一步加强对插补算法的理解与编程，包括直线插补和圆弧插补。
- 能够根据所设计的控制系统硬件，在 XY 数控工作台上实现直线和圆弧插补或其他轨迹的插补编程及调试。

8.1　XY 数控工作台的结构及工作原理

XY 数控工作台是许多数控加工设备和电子加工设备目前最为典型的机电一体化系统的基本部件，如数控车床的纵横进刀装置、数控铣床、数控钻床、激光加工设备，以及表面贴装设备、刻字机、3D 打印机等，都含有 XY 数控工作台这样的基本部件。

8.1.1　XY 数控工作台的结构

工作台上、下两层运动台(x 向、y 向)的结构相同，采用滚动导轨加滚珠丝杠螺母副的组合，如图 8-1 所示。

图 8-1　XY 数控工作台实物图

进给系统主要由步进电动机(或伺服电动机)、联轴器、滚珠丝杠螺母副、直线滚动导轨、轴承、工作台面等组成。

8.1.2 XY 数控工作台的工作原理

XY 数控工作台的控制系统主要由计算机、电动机驱动器、伺服(或步进)电动机及相关软件等组成。控制计算机可以是普通的计算机、可编程逻辑控制器或嵌入式单片机。若采用伺服电动机，则需要配套伺服电动机驱动器；若采用步进电动机，则需要配套步进电动机驱动器。

如图 8-2 所示为采用 MCGS 组态软件所绘制的 XY 数控工作台示意图。XY 数控工作台系统包括机电一体化系统的 5 个部分，即机械系统、传感检测系统、信息处理系统、执行元件和动力源。

(1) 机械系统：由两个直线运动单元组成，每个直线运动单元主要包括工作台面、滚珠丝杠、滚动导轨、轴承及轴承座、基座等部分。通过两个直线运动单元的组合运动，可以使工作台面产生两个自由度的运动，即 x、y 轴方向的平面合成运动。

(2) 传感检测系统：如 x 轴和 y 轴移动的左、右限位开关。通过 4 个限位开关，可以避免工作台面移动到极限位置，以防止损坏。

(3) 信息处理系统：包括上位机和下位机。上位机可利用计算机或触摸屏实现可视化的人机操作界面；下位机可采用单片机控制系统或采用可编程逻辑控制器。

(4) 执行元件：可采用步进电动机或伺服电动机。

(5) 动力源：系统供电电源。

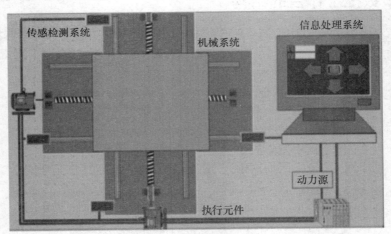

图 8-2 利用组态软件绘制的 XY 数控工作台示意图

如图 8-3 所示为利用 Unity3D 软件完成的 XY 数控工作台的 3D 仿真界面。在 3D 仿真界面中，可以通过 C 语言的软件设计进行插补运算，以实现预定轨迹的绘制。

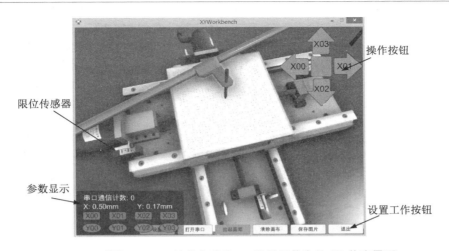

图 8-3　利用 Unity3D 软件完成的 XY 数控工作台的 3D 仿真界面

8.1.3　XY 数控工作台的构成

XY 数控工作台的机械本体部分主要包括联轴器、滚珠丝杠及螺母、滚动导轨及滑块、轴承及轴承座、工作台面、基座等部分；控制部分主要包括计算机或触摸屏、单片机或可编程逻辑控制器、步进电动机驱动器、电动机和限位传感器等。

利用计算机或触摸屏进行上位机的软件编程，采用单片机或 PLC 进行插补算法及驱动步进电动机带动 XY 数控滑台实现预定轨迹，框图表示如图 8-4 所示。

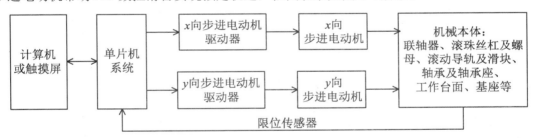

图 8-4　基于单片机控制系统的 XY 数控工作台

1. XY 数控工作台

XY 数控工作台的基础构件采用优质铝合金材料或铸件，可被应用于测量、激光焊接、激光切割、涂胶、插件、射线扫描及实用教学等轻载场合，具有精度高、寿命长、重量轻、结构紧凑、美观等特点。例如，南京工艺装备制造有限公司所生产的 SZHK4040P4 型号的 XY 数控工作台，如图 8-5 所示。

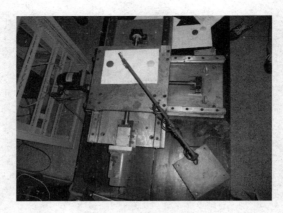

图 8-5　SZHK4040P4 型号的 XY 数控工作台

具体参数如下。

型号：SZHK4040P4。

产品参数：滚珠丝杠螺距 $S = 5\text{mm}$ 。

工作台的台面尺寸： $300\text{mm} \times 300\text{mm}$ 。

2. 电动机

SZHK4040P4 型号的 XY 数控工作台选用了五相混合式步进电动机，如图 8-6 所示。

具体参数如下。

名称：五相混合式步进电动机。

型号：110BYG550B。

相电流：3A。

步距角： $\alpha = 0.72°$ 或 $\alpha = 0.36°$ (取 $\alpha = 0.72°$)。

转动惯量： $9700\text{g} \cdot \text{cm}^2$ 。

供电电压：AC 80V。

3. 步进电动机驱动器

配套的步进电动机驱动器为五相混合式步进电动机驱动器，如图 8-7 所示。

具体参数如下。

型号：SH-50806B。

可通过打码开关实现单脉冲控制方式或双脉冲控制方式。

图 8-6　五相混合式步进电动机

图 8-7　五相混合式步进电动机驱动器

主要接口信号说明如下。

(1) 脉冲信号输入：采用单脉冲控制方式时为脉冲信号输入端，采用双脉冲控制方式时为正转脉冲信号输入端。驱动器内置光耦，其从关断到导通的变化可被理解为接受一个有效脉冲指令。对于驱动器的正确运行来说，有效电平信号占空比应在 50% 以下，为了确保脉冲信号的可靠响应，脉冲(高)低电平的持续时间不应少于 10μs。

(2) 方向信号输入：单脉冲控制方式下该端内部光耦的通、断被解释为电动机运行的两个方向，方向信号的改变将使电动机运行的方向发生变化，该端的悬空被等效认为是输入高电平。要注意的一点是，应确保方向信号领先脉冲信号输入至少 10μs 建立，从而避免驱动器对脉冲信号的错误响应。当不需换向时，方向信号端可悬空。双脉冲控制方式下本端口接收反转脉冲，接口逻辑要求与脉冲输入端口一致。输入信号脉冲为沿有效方式。

(3) 步距角选择：通过驱动器侧板第 6 位拨码开关可进行整/半步的设置，实现电动机整步及半步运行模式的切换。置于 OFF 时设为整步，置于 ON 时设为半步。

(4) 单/双脉冲选择：通过驱动器侧板第 7 位拨码开关可实现单脉冲或双脉冲控制方式的切换。置于 ON 时为单脉冲控制方式，脉冲信号端输入的脉冲信号控制电动机的运行，方向信号端输入的电平信号的高低控制电动机的转向；置于 OFF 时为双脉冲控制方式，脉冲信号端输入正转脉冲信号，方向信号端输入反转脉冲信号。

控制器、步进电动机驱动器及步进电动机相互之间的典型接线如图 8-8 所示。

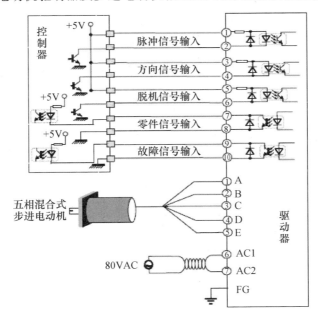

图 8-8　典型接线图

最简单的接线方式是只接脉冲信号输入和方向信号输入。如图 8-9 所示为驱动器上的实物接线图，采用的是 3 芯屏蔽线，共正接法，即将"脉冲+"和"方向+"接在一起，然后接在电源正上。电路原理图如图 8-10 所示，例如，可将步进电动机驱动器的"脉冲-"端口接在 8051 系列单片机的 P1.0 引脚上，将"方向-"端口接在 P1.1 引脚上，而将"脉冲+"和"方向+"接在一起，然后接在电源+5V 上。

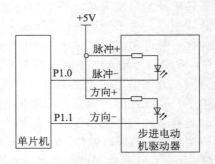

图 8-9　仅接脉冲信号和方向信号的实物接线图　　图 8-10　仅接脉冲信号和方向信号的电路原理图

针对图 8-10 所示的电路，若采用 8051 系列单片机进行控制，给出双脉冲控制方式，实现正转的一个脉冲输入，其 C 语言程序如下。

首先进行引脚定义：

```
sbit XP=P1^0;    //x 向脉冲信号
sbit XD=P1.1;    //x 向方向信号
sbit YP=P1^2;    //y 向脉冲信号
sbit YD=P1.3;    //y 向方向信号
void xzpp ()     //采用双脉冲信号输入，定义向 x 轴正方向移动一个脉冲当量距离的子程序
{
        XP=0;    //步进电动机驱动器光耦中的发光二极管亮，引脚低电平
msec(1);  //给定一定的延时，至少应大于 10μs，在此取 1ms
        XP=1;    //步进电动机驱动器光耦中的发光二极管暗，引脚高电平
msec(1);  //给定一定的延时，在此取 1ms
}  //一低一高，给出一个完整的脉冲
```

给出脉冲方向，实现正转的一个脉冲输入，程序如下。

```
void xzpd ()        //采用脉冲方向信号输入，定义向 x 轴正方向移动一个脉冲当量距离的子程序
{
        XD=1;    //设给定方向端口高电平，为正转
msec(1);  //给定一定的延时，至少应大于 10μs，在此取 1ms
XP=0;     //步进电动机驱动器光耦中的发光二极管亮
msec(1);  //给定一定的延时，至少应大于 10μs
        XP=1;       //步进电动机驱动器光耦中的发光二极管暗
msec(1);  //给定一定的延时
}
```

8.2　直线插补程序说明

8.2.1　第一象限直线插补原理简要说明

如图 8-11 所示，设一直线以坐标原点为起始点(0,0)，终点坐标在 (x_e, y_e)，其直线上的点 (x, y)满足方程

$$\frac{x}{y} = \frac{x_e}{y_e} \tag{8-1}$$

将式(8-1)改写为

$$yx_e - xy_e = 0 \tag{8-2}$$

如果加工轨迹的动点脱离直线，则轨迹点的 (x, y) 坐标将不再满足式(8-1)直线方程。在第一象限中，对于直线上方的点 $A(x_a, y_a)$，可得

$$y_a x_e - x_a y_e > 0$$

对于直线下方的点 $B(x_b, y_b)$，可得

$$y_b x_e - x_b y_e < 0$$

因此，其判别函数 F 为

$$F = yx_e - xy_e \tag{8-3}$$

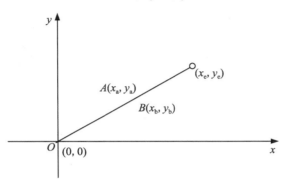

图 8-11　动点和直线

式(8-3)被用来判别动点和直线的相对位置。当动点在直线上方时，$F > 0$，应向 $+x$ 方向(或 $-y$ 方向)移动，以接近直线；当动点在直线下方时，$F < 0$，应向 $+y$ 方向(或 $-x$ 方向)移动，以接近直线；当动点在直线上时，$F = 0$，可按 $F > 0$ 或 $F < 0$ 时的规律运动。

为了方便判别，将 $F = 0$ 归入 $F > 0$ 的情况。从原点开始，走一步算一步，然后判别 F，再走一步算一步，如此循环。即，每当向 $+x$ 或 $+y$ 方向走一步时，都得修改判别函数 F，然后再判别 F 的正负以决定下一步向哪个方向走。

举例说明，设起点坐标为 $(0,0)$，终点坐标为 $(30,35)$，单位为 mm，根据 XY 数控工作台的参数，滚珠丝杠螺距 $S = 5\text{mm}$，步进电动机步距角 $\alpha = 0.72°$，则该 XY 数控工作台的脉冲当量 $= \dfrac{5\text{mm}}{\dfrac{360°}{0.72°}} = 0.01(\text{mm}/\text{p})$，因此，用脉冲数量表示该直线，起点坐标为 $(0,0)$，终点坐标为 $(3000,3500)$。

插补过程如下。

① 初始化参数：$x = 0$，$y = 0$，$x_e = 3000$，$y_e = 3500$。

② 计算判别式：$F = yx_e - xy_e$(在直线的开始点 $(0,0)$ 时，$F = yx_e - xy_e = 0$)。

③ 若 $F < 0$，则应向 $+y$ 方向走一步，即 $y = y + 1$，转到⑤。

④ 若 $F \geqslant 0$，则应向 $+x$ 方向走一步，即 $x = x + 1$，转到⑤。

⑤ 判别是否到 (x_e, y_e)，可用 $(x == x_e, y == y_e)$，或用总的脉冲数(步数)。到终点，停

止，否则转到②。

如图 8-12 所示为第一象限直线插补的程序流程框图。

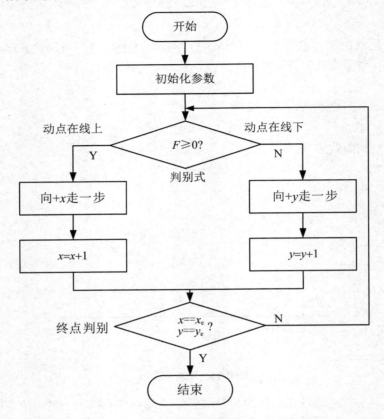

图 8-12　第一象限直线插补的程序流程框图

8.2.2　第一象限直线插补程序

根据图 8-12 编写的直线插补程序如下。

```
//首先定义管脚
sbit XP=P1^0;  //x向脉冲信号
sbit XD=P1.1;  //x向方向信号
sbit YP=P1^2;  //y向脉冲信号
sbit YD=P1.3;  //y向方向信号
//采用脉冲+方向的控制方式
//定义变量及初始化参数
int x,y,xe,ye; //动点和终点的变量定义
float f;  //判别式，f＝y·xe－x·ye
int n,ne;  //n为实际步数，ne为总的步数，用于插补结束判别
//定义子程序
```

采用脉冲+方向驱动方式，实现正转(+x)的一个脉冲输入，程序如下。

```
void xzpd (void)       //采用脉冲方向信号输入，定义向 x 轴正方向移动一个脉冲当量距离的
                          子程序
```

```
{
        XD=1;     //设给定方向端口高电平，为正转
msec(1);  //给定一定的延时，至少应大于 10μs
XP=0;       //步进电动机驱动器光耦中的发光二极管亮
msec(1);  //给定一定的延时，至少应大于 10μs
        XP=1;      //步进电动机驱动器光耦中的发光二极管暗
msec(1);  //给定一定的延时
}
```

采用脉冲+方向驱动方式，实现反转($-x$)的一个脉冲输入，程序如下。

```
void xfpd (void)      //采用脉冲方向信号输入，定义向 x 轴负方向移动一个脉冲当量距离的
                        子程序
{
        XD=0;     //设给定方向端口低电平，为反转
msec(1);  //给定一定的延时，至少应大于 10μs
XP=0;       //步进电动机驱动器光耦中的发光二极管亮
msec(1);  //给定一定的延时，至少应大于 10μs
        XP=1;      //步进电动机驱动器光耦中的发光二极管暗
msec(1);  //给定一定的延时
}
```

采用脉冲+方向驱动方式，实现正转($+y$)的一个脉冲输入，程序如下

```
void yzpd (void)      //采用脉冲方向信号输入，定义向 y 轴正方向移动一个脉冲当量距离的
                        子程序
{
        YD=1;     //设给定方向端口高电平，为正转
msec(1);  //给定一定的延时，至少应大于 10μs
YP=0;       //步进电动机驱动器光耦中的发光二极管亮
msec(1);  //给定一定的延时，至少应大于 10μs
        YP=1;      //步进电动机驱动器光耦中的发光二极管暗
msec(1);  //给定一定的延时
}
```

采用脉冲+方向驱动方式，实现反转($-y$)的一个脉冲输入，程序如下。

```
void yfpd (void)      //采用脉冲方向信号输入，定义向 y 轴负方向移动一个脉冲当量距离的
                        子程序
{
        YD=0;     //设给定方向端口低电平，为反转
msec(1);  //给定一定的延时，至少应大于 10μs
YP=0;       //步进电动机驱动器光耦中的发光二极管亮
msec(1);  //给定一定的延时，至少应大于 10μs
        YP=1;      //步进电动机驱动器光耦中的发光二极管暗
msec(1);  //给定一定的延时
}

void  main(void)      //第一象限直线插补主程序
{
//参数初始化参数
x=0;   //动点起始点 x 坐标为 0
```

```
y=0;      //动点起始点 y 坐标为 0
xe=3000;  //终点 xₑ 坐标为 3000
ye=3500;  //终点 yₑ 坐标为 3500
f=y*xe-x*ye;  //判别式计算,第一次=0
n=0;      //起始步数等于 0
ne= xe+ye;    //总步数计算,用于终点判别
 while (n<=ne)  //实际运行步数是否小于等于总步数,若满足,则进行插补
 //也可以用 while (x<=xₑ ||y<=yₑ)  来作为终点判别
{
 if (f>=0)  //f=yxₑ-xyₑ
    {
       xzpd();  //向 x 正向移动一个脉冲当量的距离
       x++;     //同时将变量 x 的坐标数值增加 1
       n++;     //步数+1
    }
  if (f<0)    //f=yxₑ-xyₑ
    {
       yzpd();  //向 y 正向移动一个脉冲当量的距离
       y++;     //同时将变量 y 的坐标数值增加 1
n++;     //步数+1
    }
    f=y*xe-x*ye;  //重新计算判别式
}
}
```

因为是第一象限直线插补程序，没有用到向 x 负向移动一个脉冲当量距离的子程序和向 y 负向移动一个脉冲当量距离的子程序。不过为了通用和作为参考，还是将这两个子程序列上。

```
void xfpd(void);  //向 x 负向移动一个脉冲当量的距离
void yfpd(void);  //向 y 负向移动一个脉冲当量的距离
```

8.3 圆弧插补程序说明

8.3.1 第一象限圆弧插补原理简要说明

设圆心为原点，给出圆弧起点坐标(x_0, y_0)和终点坐标(x_e, y_e)，如图 8-13 所示。

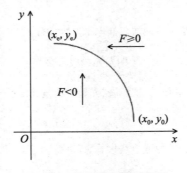

图 8-13 第一象限逆圆插补

由于圆的半径为

$$R^2 = x_0^2 + y_0^2 \tag{8-4}$$

设圆弧上任一点坐标 (x, y)，则

$$(x^2 + y^2) - (x_0^2 + y_0^2) = 0 \tag{8-5}$$

选择判别函数 F 为

$$F = (x^2 + y^2) - (x_0^2 + y_0^2) \tag{8-6}$$

根据动点所在区域的不同，有下列 3 种情况。

(1) $F > 0$，动点在圆弧外。

(2) $F = 0$，动点在圆弧上。

(3) $F < 0$，动点在圆弧内。

把 $F > 0$ 和 $F = 0$ 合并在一起考虑，按下述规则就可实现第一象限逆时针方向的圆弧插补。

(1) 当 $F \geqslant 0$ 时，表示动点在圆弧外或在圆弧上，应向 $-x$ 方向走一步。

(2) 当 $F < 0$ 时，表示动点在圆弧内，应向 $+y$ 方向走一步。

每走一步后计算一次判别函数，作为下一步进给的判别标准，同时进行终点判别。

终点判别可采用终点坐标与动点坐标相比较的方法：$x_i - x_e = 0$，则 x 方向到终点；$y_i - y_e = 0$，则 y 方向到终点。只有两个坐标轴同时到终点，插补才算完成。也可以采用总的步数来判别插补是否结束。总的步数为 x 向和 y 向的移动步数之和，设起点坐标为 $(30, 0)$，终点坐标为 $(0, 30)$，脉冲当量为 0.01，则有

$$N = 3000 + 3000 = 6000$$

同直线插补，每当输出轴输出脉冲时都要加上相应的延时，以控制步进电动机的速度。

对上述进行总结，得到第一象限逆圆插补的程序流程图，如图 8-14 所示。

对第一象限顺圆插补时，令

令 $rr = r^2 = x_0^2 + y_0^2$，$yy = y^2$，$xx = x^2$；

$F = (x^2 + y^2) - (x_0^2 + y_0^2) = xx + yy - rr$。

当判别式 $F \geqslant 0$ 时，表示动点在圆弧外或在圆弧上，需向 $-y$ 方向走一步，即 $y = y - 1$。

当判别式 $F < 0$ 时，表示动点在圆弧内，需向 $+x$ 方向走一步，即 $x = x + 1$。

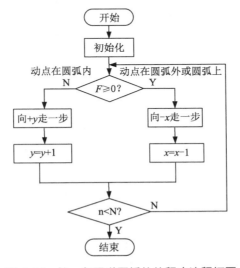

图 8-14　第一象限逆圆插补的程序流程框图

8.3.2　第一象限圆弧插补程序

设起点坐标为 (30,0)，终点坐标为 (0,30)，单位为 mm。采用插补算法，实现第一象限逆圆插补程序。终点判别采用总的步数来判别。

管脚的定义以及向 +x 方向、+y 方向、−x 方向和 −y 方向移动的子程序，同"8.2.2 第一象限直线插补程序"，在圆弧插补程序中可直接调用。

```
//对与圆有关的变量的定义，初始化参数
int x = 3000;      //定义圆弧的起点坐标(3000,0)
//此处以脉冲数目为单位，根据脉冲当量δ=0.01，x=30/0.01
int y=0;           //定义圆弧的起点坐标(3000,0)。
//此处以脉冲数目为单位，根据脉冲当量δ=0.01,y=0/0.01
int r=3000;        //定义圆弧的半径，此处以脉冲数目为单位，根据脉冲当量
δ=0.01,r=30/0.01
int n=0;      //实际移动的步数
int N=6000;   //总的移动步数
float yy;    //=y*y
float xx;    //=x*x
float rr;      // =r*r
void xzpd (void);      //采用脉冲方向信号输入，定义向 x 轴正方向移动一个脉冲当量距离
                        的子程序
void xfpd (void);      //采用脉冲方向信号输入，定义向 x 轴负方向移动一个脉冲当量距离
                        的子程序
void yzpd (void);      //采用脉冲方向信号输入，定义向 y 轴正方向移动一个脉冲当量距离
                        的子程序
void yfpd (void);      //采用脉冲方向信号输入，定义向 y 轴负方向移动一个脉冲当量距离
                        的子程序
void main(void)        //圆弧插补运算程序，主程序
{
    while(n<N)     //实际移动的步数 n 小于总的步数，继续进行插补运算。终点判别式
  {
yy=y*y;       //=yy
xx=x*x;       //=xx
rr=r*r;        // rr 内容，也只可计算一次
f=xx+yy-rr;   // 判别式计算，>=0，在圆弧外或圆弧上，向 −x 方向走一步<0；在圆弧内，向
+y 方向走一步
if((x>=0)&&(y>=0))  //第一象限半圆，逆圆，若只有第一象限，此 if 语句可不用
    {
if(f<0)      //在圆弧内，向 +y 方向走一步
{
yzpd();   //向 y 轴正方向移动一个脉冲当量的距离
y=y+1;    //动点变量+1
n=n+1;    //移动步数变量+1
}
 if(f>=0)    //在圆弧外或圆弧上，向 −x 方向走一步
{
xfpd();   //向 X 轴负方向移动一个脉冲当量的距离
```

```
x=x-1;      //动点变量+1
n=n+1;    //移动步数变量+1
}
}
   }
}
```

复习思考题

一、简答题

1. 用单片机引脚控制步进电动机的脉冲信号或方向信号时，为什么引脚的高、低电平转换期间要有一定的延时？

2. XY 数控工作台的 5 个子系统包括哪些？

3. 说明 XY 数控工作台的应用。

4. 说明 XY 数控工作台进给系统的组成。

二、填空题

1. 步进电动机实现正、反转最简单的接线方式，可只接(　　　)信号输入和(　　　)信号输入。

2. 若 XY 数控工作台的滚珠丝杠的螺距 $S=5\text{mm}$，与之直连的步进电动机的步距角 $\alpha=0.36°$，则该 XY 数控工作台的脉冲当量是(　　　)。

三、选择题

1. XY 数控工作台通过(　　　)个直线运动单元的组合运动，可实现 x、y 轴方向的平面合成运动。

   A. 一　　　　　　B. 两　　　　　　C. 三　　　　　　D. 四

2. 一直线以坐标 $(10,20)$ 为起点、坐标 $(50,70)$ 为终点，XY 数控工作台采用步进电动机驱动滚珠丝杠，其脉冲当量为 0.01mm/p，试计算总的步数(即终点判别步数)为(　　　)。

   A. 9000　　　　　B. 12000　　　　　C. 5000　　　　　D. 7000

3. 第二象限直线插补，若动点在直线下方，下一步应该向(　　　)方向走。

   A. $-x$　　　　　B. $-y$　　　　　C. $+x$　　　　　D. $+y$

4. 第二象限逆圆插补，若动点在圆弧外，下一步应该向(　　　)方向走。

   A. $-x$　　　　　B. $-y$　　　　　C. $+x$　　　　　D. $+y$

5. 在 XY 数控工作台上进行直径为 60mm 的圆弧插补，步进电动机的脉冲当量为 0.01mm/p，则 x 方向电动机插补整个圆周的时候，总的步数为(　　　)。

   A. 3000　　　　　B. 24000　　　　　C. 6000　　　　　D. 12000

四、应用题

1. 参见图 8-10 所示的单片机与步进电动机的接线原理图，采用只接脉冲信号输入和方向信号输入，画出共负的接线方法。

2. 如图 8-15 所示，对于第二象限直线 OA，终点坐标 $x_e = -4$，$y_e = 2$，插补从直线起点 O 开始，说明其插补步骤，并在图中标明插补路径。

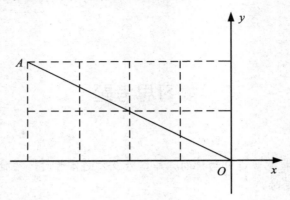

图 8-15

复习思考题参考答案

第1章

一、简答题

1. [答案]机电一体化设备具有自动化、智能化、功能强大、灵活性好、节能省材、体积小、重量轻等特点。

2. [答案]机电一体化系统朝着智能化、系统化、微型化、模块化、网络化和绿色化方向发展。

3. [答案]机电一体化系统由许多要素或子系统构成，各要素或子系统之间必须能顺利进行物质、能量和信息的传递与交换。为此，各要素或各子系统相接处必须具备一定的联系条件，这些联系条件被称为"接口"(interface)。根据接口的变换、调整功能，可将接口分为零接口、无源接口、有源接口和智能接口。根据接口的输入、输出功能，可将接口分为机械接口、物理接口、信息接口和环境接口。

4. [答案]机电一体化的相关技术有机械技术、计算机与信息处理技术、系统技术、自动控制技术，以及传感器测试技术和伺服驱动技术。

5. [答案]机电一体化技术是以计算机为控制中心，在设计过程中强调(机械部件)和(电气部件)间的相互作用和影响，整个装置在计算机控制下具有一定的智能性。

6. [答案]"基于物联网的机电产品协同设计制造"是近年来提出的一种产品开发设计制造模式，在物联网支持的环境中，一个群体协同工作完成一项机电产品开发。作为以互联网为基础而延伸形成的新一代网络技术，物联网将成为未来实现机电产品智能化、实现产业升级与行业进步的必经之路。

7. [答案]快递机器人具备扫码、称重以及分拣等功能。利用扫描传感器(扫描枪)进行单号识别，利用称重传感器(电子秤)进行邮件称重，根据识别的单号及重量进行快速分拣运送。

8. [答案]机电一体化系统(产品)主要由以下 5 个子系统组成：机械系统(机构，起支承和连接作用)、传感检测系统(传感器)、信息处理系统(计算机、PLC、单片机)、动力系统(动力源)和执行元件系统(如电动机、汽缸、电磁阀)。

9. [答案] 机电系统通常包括机电一体化技术和机电一体化产品两个方面，其特点是自动化、智能化，功能强大，灵活性好，节能、省材，体积小，重量轻，等等。

10. [答案] 如家用照相机、全自动洗衣机、无人驾驶汽车、全自动玩具小车、工厂化流水线作业设备、航天器、火星探测器及机器人等，都属于典型的机电一体化产品。

11. [答案]"机电一体化乃是在机械的主功能、动力功能、信息功能和控制功能上引进微电子技术，并将机械装置与电子装置用相关软件有机结合而构成的系统的总称。"

12. [答案] 如自动化办公设备，医疗、环保及公共服务自动化设备，文教、体育、娱乐用机电一体化产品。

13. [答案]如自动仓库，自动空调与制冷系统及设备，自动称量、分选、销售及现金处理系统。

14. [答案]如制袋机、分切机和印刷机等。

15. [答案] 机电一体化系统由许多要素或子系统构成，各要素或子系统之间必须能顺利进行物质、能量和信息的传递与交换。为此，各要素或各子系统的相接处必须具备一定的联系条件，这些联系条件被称为"接口"(interface)。

16. [答案] 不进行任何变换和调整、输出即为输入等，仅起连接作用的接口，被称为"零接口"。例如，输送管、接插头、接插座、接线柱、传动轴、导线、电缆等。

17. [答案] 例如，联轴节、管接头、法兰盘、万能插口、接线柱、插头与插座等。

18. [答案] 机电系统是由机械装置(执行、传动、导向机构——"手足及骨胳")、检测装置(传感器与检测——"感官")、控制装置("大脑")、伺服驱动装置(驱动电动机等——"内脏及血液系统")和接口装置("神经系统")等几部分组成。

19. [答案] 是在设计方案和功能结构不变的情况下，仅仅改变现有产品的规格尺寸，使之适应量的方面有所变更的要求。例如，由于传递扭矩或速比发生变化而重新设计传动系统和结构尺寸的设计，就属于变异设计。

20. [答案] 机电一体化系统应包含以下几个基本要素：机械本体、动力与驱动部分、执行机构、传感测试部分、控制及信息处理部分。将这些部分归纳为结构组成要素、动力组成要素、运动组成要素、感知组成要素、智能组成要素，这些组成要素内部及要素之间，通过接口耦合来实现运动传递、信息控制、能量转换等有机融合的一个完整系统。

二、填空题

1. [答案] 计算机技术　电子技术　信息技术
2. [答案] 计算机　机械　电气
3. [答案] 电动　气动　液压
4. [答案] 物质　信息　能量
5. [答案] 变换(加工、处理)功能　传递(移动、输送)功能　储存(保持、积蓄、记录)功能
6. [答案] 输入 / 输出　变换、调整
7. [答案] 医疗　环保　体育
8. [答案] 人类　判断推理　逻辑思维　自主决策
9. [答案] 开放式　模式化　剪裁　组合
10. [答案] 机械与微电子
11. [答案] 自为方向
12. [答案] 使用
13. [答案] 现代设计　边缘
14. [答案] 总体设计　部件设计　零件设计
15. [答案] 网络合作
16. [答案] 接口设计
17. [答案] 机电互补法　结合法　组合法
18. [答案] 环境

第 2 章

一、填空题

1. [答案] 可控执行元件　　控制程序
2. [答案] 折线　　脉冲当量
3. [答案] 插补总步数
4. [答案] 数控机床　　机器人
5. [答案] 插补运算
6. [答案] 旋转　　直线
7. [答案] 开环　　闭环或半闭环
8. [答案] $+y$　　$-x$
9. [答案] $-x$　　$-y$
10. [答案] 开环

二、简答题

1. [答案]插补(轨迹离散化)是在运动轨迹的起点和终点间密集确定出一系列中间点，用来合成和协调各坐标轴运动，使目标沿这些中间点移动以逼近设定的轨迹。

2. [答案]插补的 4 个节拍如下。
① 偏差判别。
② 驱动。
③ 偏差计算。
④ 终点判别。

3. [答案]4 个节拍的含义如下。
① 偏差判别→判别运动点是否偏离设定轨迹及偏离程度。
② 驱动→根据①的结果运动点向逼近设定轨迹方向前进一步。
③ 偏差计算→运动到新点，计算新的偏差。
④ 终点判别→是否到达轨迹终点，若没有到达终点返回到①节拍。

三、选择题

1. [答案] B. 第二象限
2. [答案] D. 第四象限
3. [答案] A. 不可变化
4. [答案] D. 第四象限
5. [答案] C. 5000

四、综合题

(1) [答案] $F > 0$，动点在圆弧外；$F=0$，动点在圆弧上；$F < 0$，动点在圆弧内。

(2) [答案]当 $F \geqslant 0$ 时，向 $-x$ 走一步；当 $F < 0$ 时，向 $+y$ 走一步；每走一步，计算一

次判别函数，作为下一步进给的判别标准，同时进行终点判别。

(3) [答案] x向步进电动机需走：$\dfrac{|x_e - x_0|}{\delta} = \dfrac{|14.967 - 28|}{0.01} \approx 1303$

y向步进电动机需走：$\dfrac{|y_e - y_0|}{\delta} = \dfrac{|26 - 10.770|}{0.01} = 1523$

(4) [答案]脉冲输出时，加上适当延时，可以控制步进电动机的速度。若脉冲是由定时器定时得到，可修改定时器时间以改变插补速度。

(5) [答案]终点判别可采用终点与动点坐标相比较的方法。即当 $x - x_e = 0$，则 x 方向到终点；当 $y - y_e = 0$，则 y 方向到终点。只有两个坐标轴同时到终点，插补才算完成。

第 3 章

一、简答题

1. [答案] 间隙
2. [答案] 执行机构　传动机构　支承部件
3. [答案] 等效转动惯量最小　输出轴转角误差最小的
4. [答案] 最小
5. [答案] 最小
6. [答案] 刚度
7. [答案] 反向
8. [答案] 齿侧
9. [答案] 运动　支承
10. [答案] 导向　承载
11. [答案] 使用压板固定　使用滚柱固定
12. [答案] 滚动　滚动
13. [答案] 点接触
14. [答案] 保证反向传动精度　提高刚度，减少变形量
15. [答案] 传动比
16. [答案] 丝杠　螺母　滚珠　反向器
17. [答案] 内循环　外循环
18. [答案] 阻塞　加剧磨损和变形　150

二、选择题

1. [答案] C. 行星轮系的系杆
2. [答案] B. 2.5～3.5
3. [答案] A. 最大
4. [答案] B. 双螺母齿差调隙预紧
5. [答案] A. 一

三、问答题

1. [答案]应在以下 4 个方面。

(1) 减轻重量，提高灵敏度；(2)提高刚性，减少变形的影响；(3)实现组件化、标准化和系列化；(4)提高系统整体的可靠性。

2. [答案](1) 等效转动惯量最小原则；(2) 质量最小原则；(3) 输出轴转角误差最小原则。

3. [答案]消除或缩小齿轮传动中的反向误差。

4. [答案](1)偏心套(轴)调整法；(2)轴向垫片调整法；(3)双片薄齿轮错齿调整法。

5. [答案]特点是：磨损小，传动效率高，传动平稳，寿命长，精度高，温升低，等等；但结构复杂，成本高，不能自锁，且传动的距离和速度有限。

6. [答案] "公称直径"是指滚珠与螺纹滚道在理论接触角状态时包络滚珠球心的圆柱直径，它是滚珠丝杠副的特征尺寸。

7. [答案]丝杠相对螺母旋转 2π 弧度时，螺母上基准点的轴向位移。

8. [答案] 其目的是，保证反向传动精度，提高刚度，减少变形量。

9. [答案]传动比准确，传动效率高；工作平稳，能吸收振动，噪声小；不需要润滑，耐油水，耐高温，耐腐蚀，维护、保养方便；但中心距要求严格，安装精度要求高，制造工艺复杂，成本高。

10. [答案]由带轮和齿形带组成。

11. [答案]结构简单，体积小，重量轻；传动比范围大；同时啮合的齿数多，运动精度高，承载能力大；运动平稳，噪声低；可实现差速运动。

12. [答案]由刚轮、柔轮和谐波发生器构成。

13. [答案]主运动导轨、进给运动导轨和移置导轨。

14. [答案]只用于调整部件间的相对位置，移置后固定，平时没有相对运动。

15. [答案]包括垂直面的直线度、水平面的直线度、两导轨间的平行度等。

16. [答案]不需要镶条调整间隙，接触刚度好；导向性和精度保持性好；但工艺差，加工、维修不便。

17. [答案]摩擦小，但承载能力差，刚度低，不能承受大的颠覆力矩和水平力。

18. [答案]镶条和压板式调整。

19. [答案]在部件自重和外载 F 的作用下，导轨面在全长上始终贴合，可采用开式导轨。在倾覆力矩 M 的作用下，自重不能使导轨面贴合，必须使用压板作为辅助导轨面，以保证导轨贴合。选用闭式导轨。

20. [答案]为防止爬行现象的出现，可同时采取以下几项措施：采用滚动导轨、静压导轨、卸荷导轨、贴塑导轨等。

21. [答案]为了降低摩擦力、减少磨损、降低温度和防止生锈。

22. [答案] (1)人工定期向导轨面浇油；(2)在运动部件上装油杯，使油沿油孔流或滴向导轨面；(3)装手动润滑泵，定时拉动几下供油；(4)采用压力油强制润滑，装润滑电磁泵，安装集中润滑站。

23. [答案]防止或减少导轨副磨损。

24. [答案](1)刮板式；(2)防护罩式。

25. [答案] 丝杠螺母副主要由丝杠、螺母、滚珠和反向器四部分组成。

四、综合题

1. [答案]

因为是同时同方向旋转 5 个齿，故相对移动的距离为两者之差。

$$S = \frac{5}{100}l_0 - \frac{5}{98}l_0 = \frac{5}{100} \times 3 - \frac{5}{98} \times 3 = -0.003(\text{mm})$$

相当于移动了 $3\mu\text{m}$

2. [答案]

(1) 该传动系统的最大转角误差

$$\Delta\varphi_{\max} = \frac{\Delta\varphi_1}{i_1 i_2 i_3 i_4} + \frac{\Delta\varphi_2 + \Delta\varphi_3}{i_2 i_3 i_4} + \frac{\Delta\varphi_4 + \Delta\varphi_5}{i_3 i_4} + \frac{\Delta\varphi_6 + \Delta\varphi_7}{i_4} + \Delta\varphi_8$$

$$= \frac{0.006}{1.5 \times 1.5 \times 1.5 \times 1.5} + \frac{0.004 + 0.008}{1.5 \times 1.5 \times 1.5} + \frac{0.007 + 0.004}{1.5 \times 1.5} + \frac{0.006 + 0.009}{1.5} + 0.006$$

$$= 0.001185 + 0.003556 + 0.004889 + 0.01 + 0.006$$

$$= 0.0256$$

(2) 总转角误差主要取决于最末一级齿轮的转角误差和传动比的大小，在设计中最末两级的传动比应取大一些，并尽量提高最末一级齿轮副的加工精度。

第 4 章

一、填空题

1. [答案]　敏感　　转换

2. [答案]　位移　　速度　　加速度

3. [答案]　拉压　　弯扭

4. [答案]　行程　　编码器　　应变片

5. [答案]　接通

6. [答案]　基片　　电阻丝

7. [答案]　差动式

8. [答案]　磁敏电阻　　磁敏二极管

9. [答案]　霍尔

10. [答案]　电阻

11. [答案]　莫尔

12. [答案]　标尺光栅　　指示光栅

13. [答案]　光栅

14. [答案]　间距

15. [答案]　绝对式　　增量式

16. [答案]　可变电阻器　　光电旋转编码器　　陀螺仪　　旋转变压器

17. [答案]　定子　　转子

18. [答案]　随动

19. [答案]　变极距　　变面积

20. [答案]　阻抗变换

21. [答案]　电压

22. [答案]　温度

23. [答案]　可控精密稳压源

24. [答案]　简单

25. [答案]　开关

26. [答案]　高频的脉动

27. [答案]　很小

28. [答案]　变压器或电磁　　电容耦合　　光耦

29. [答案]　小

30. [答案]　电阻

31. [答案]　三线制或四线制

32. [答案]　微弱　　高　　屏蔽　　滤波　　接地

33. [答案]　高　　低

34. [答案]　频率

二、选择题

1. [答案] A. 15

2. [答案] D. 光电开关器件

3. [答案] B. 光电传感器

4. [答案] A. 半桥单臂

5. [答案] D. 磁电式传感器

6. [答案] D. 4

7. [答案] A. 360/131072

8. [答案] C. 366.2

9. [答案] C. 2

10. [答案] C. 差动

11. [答案] A. 9.333

12. [答案] B. 5V

13. [答案] C. 10mm

14. [答案] D. 光电传感器

15. [答案] A. 电感测微器

16. [答案] A. 单臂

17. [答案] B. 光电旋转编码器

18. [答案] D. 旋转变压器

三、简答题

1. [答案]能感受规定的被测量并按照一定规律转换成可用输出信号的器件或装置。

2. [答案]结构简单，传感器无活动触点，因此，工作可靠寿命长。

3. [答案]体积小，灵敏度高，响应速度快，温度性能好，精确度高，可靠性高。

4. [答案](1) 输入阻抗无穷大，即输入阻抗很高，不吸电流。

(2) 输出阻抗无穷小，即输出阻抗很小，带负载能力强。

(3) $V_+ = V_-$

5. [答案]运算放大器作为电压跟随器的主要作用是起阻抗变换：入阻抗很高，不会影响前级电路的信号；输出阻抗很小，会有较大的带负载能力。

6. [答案]工作原理都是利用惯性质量受加速度所产生的惯性力而造成的各种物理效应，进一步转化成电量，间接度量被测加速度。最常用的有应变式、压电式、电磁感应式等。

7. [答案]对转换后的电信号进行测量，并进行放大、运算、转换、记录、指示、显示等处理。

四、应用题

[答案] 如图 4-45 所示，利用光敏三极管实现一个继电器通断的电路，完成楼道灯的开启和关闭。无光照时，由于光敏三极管 T1 截止，不导通，三极管 T2 的基极通过 R1 与上拉电阻接正电，为高电平，三极管 T2 饱和导通，继电器 K1 线圈得电，其常开触点闭合，楼道灯 Lamp 通过 K1 触点的闭合与交流 220V 电源接通，发光。有光照时，光敏三极管 T1 饱和导通，将三极管 T2 的基极电位拉低，为低电平，约为 0.3V，不足以使三极管 T2 导通，继电器 K1 失电，其常开触点保持常开状态。楼道灯 Lamp 由于 K1 触点的断开，与交流 220V 电源不构成回路，不发光，从而实现了楼道灯的自动控制。

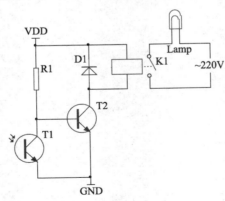

图 4-45 利用光敏三极管和继电器的楼道灯控制电图

第 5 章

一、选择题

1. [答案]　A. 执行元件
2. [答案]　D. 电能
3. [答案]　C. 油
4. [答案]　A. 高
5. [答案]　D. 0
6. [答案]　A. 2π
7. [答案]　B. 减小
8. [答案]　C. 电感

二、填空题

1. [答案]　执行机构　　电子控制装置
2. [答案]　电动式　　液压式　　气动式
3. [答案]　机械或位置
4. [答案]　位置和速度
5. [答案]　开环　　闭环　　半闭环
6. [答案]　中间
7. [答案]　中小
8. [答案]　电脉冲数
9. [答案]　旋转式
10. [答案]　频率
11. [答案]　顺序
12. [答案]　齿数
13. [答案]　响应
14. [答案]　一定的顺序
15. [答案]　一转后
16. [答案]　累积
17. [答案]　加减速
18. [答案]　电动　　液压　　步进　　伺服
19. [答案]　步距　　旋转方向
20. [答案]　齿数　　相数　　节拍
21. [答案]　大于
22. [答案]　脉冲分配器　　功率放大器
23. [答案]　控制
24. [答案]　转速

三、简答题

1. [答案]将控制信号转换成机械运动和机械能量的转换元件。

2. [答案]惯量小，动力大；体积小，重量轻；便于维修、安装；易于微机控制。

3. [答案]步进电动机对每一相绕组通电的操作，被称为"一拍"，或者定子控制绕组每改变一次通电方式，被称为"一拍"。

4. [答案]

(1) 驱动电路对机械特性的影响。

(2) 直流伺服电动机内部的摩擦对调节特性的影响。

(3) 负载变化对调节特性的影响。

5. [答案]直流伺服电动机具有良好的调速特性，较大的启动转矩和相对功率，易于控制，响应快等。尽管其结构复杂，成本较高，但在机电一体化控制系统中仍然具有较广泛的应用。与直流伺服电动机比较，交流伺服电动机不需要电刷和换向器，因而维护方便，对环境无要求；此外，交流伺服电动机还具有转动惯量、体积和重量较小，结构简单，价格便宜等优点，尤其是交流伺服电动机调速技术的快速发展，使它得到了更广泛的应用。

6. [答案]

(1) 按被控量的参数特性分类：机电一体化系统可分为位移、速度、力矩等伺服系统，其他还有温度、湿度、磁场、光等各种参数的伺服系统。

(2) 按驱动元件的类型分类：机电一体化系统可分为电气伺服系统、液压伺服系统、气动伺服系统。根据电动机类型的不同，电气伺服系统又可分为直流伺服系统、交流伺服系统和步进电动机控制伺服系统。

(3) 按控制原理分类：伺服系统可分为开环控制伺服系统、闭环控制伺服系统和半闭环控制伺服系统。

7. [答案]静转矩与转子失调角的关系，即 $T = f(\theta)$，被称为"矩角特性"。

8. [答案]包括直流电动机、位置或速度反馈装置、直流电源及控制驱动电路等几大部分。

9. [答案]直流伺服电动机是有反馈的控制系统，它是直流供电，有编码器反馈速度和位置信号，有良好的动态性能；直流电动机没有反馈信号，不能形成闭合回路。直流伺服电动机可以根据输入的信号按照一定的速度转动一定的角度，而直流电动机只能在通电的时候转动，而且断电后还有一定的惯性。

10. [答案](1)调压调速；(2)调磁调速；(3)改变电枢回路电阻调速。

11. [答案](1)驱动电路对机械特性的影响。

(2) 直流伺服电动机内部的摩擦对调节特性的影响。

(3) 负载变化对调节特性的影响。

四、综合题

1. (1)试计算托板移动 123mm，步进电动机应送多少个脉冲。

[答案] 步进电动机的步距角 $\alpha = 0.72°$，则每转有 $\dfrac{360°}{0.72°} = 500$ 个脉冲，经过齿轮减

速，折算到丝杠上，则每转有 $\dfrac{360°}{0.72°}\times\dfrac{d_2}{d_1}=\dfrac{360°}{0.72°}\times\dfrac{50}{40}=625$ 个脉冲。

丝杠的导程 $s=6\text{mm}$，即每 625 个脉冲，移动一个螺距的位移。

根据比例关系，则移动 123mm 的脉冲数目 N 满足下述比例公式。

$$\frac{6}{625}=\frac{123}{N}$$

$$N=\frac{625\times123}{6}=12812 \text{ 个脉冲}$$

(2) [答案]采用单片机、双脉冲的控制方式，编写拖板移动 123mm 的程序。

由于根据(1)中的计算，共需要 12812 个脉冲。

可采用 for 循环完成 12812 个脉冲输出。

假定单片机的 P10 引脚接在步进电动机驱动器的脉冲输入，则 P10=0；P10=1；即为送出一个脉冲，当然，为了送出脉冲与驱动器的响应相当，在期间加入相应的延时语句。设 msec(1)为 1ms 延时子程序，则有

```
        for (i=0;i<12812;i++)
        {
P10=0;
msec(80); //延时 80ms
P10=1;
msec(80); //延时 80ms
        }
```

(3) [答案]为避免拖板向左或向右移动到极限位置，应如何增加保护控制装置。

可以在左右极限位置安装限位开关，只有当左右限位开关没有信号的时候，才可以输出脉冲信号，驱动步进电动机动作。

2. (1)[答案]电动机转子有 24 个齿，运行拍数为 10，那么步进电动机旋转一圈总共需要 $24\times10=240$ 步，对应步距角为 $360°\div240=1.5°$。

(2) [答案]脉冲电源的频率 $f=\dfrac{100\times240}{60}=400(\text{Hz})$

3. (1)[答案]脉冲当量 $\delta=\dfrac{6}{\dfrac{360}{\alpha}}$，式中，$\alpha$ 为步距角，则 $\alpha=\dfrac{360}{6}\times0.01=0.6°$，步距角选择

小于 $0.6°$。

(2) [答案]$f_{\max}=\dfrac{1000\times2}{60\times0.01}=3333(\text{Hz})$

第 6 章

一、选择题

1.[答案] D. 电动机力矩与折算负载力矩之差

2.[答案] A. 增加而减小

二、填空题

1. [答案] 惯量匹配　　容量匹配　　速度匹配
2. [答案] 机电
3. [答案] 旋转机械　　直线运动　　间歇运动
4. [答案] 外力负载　　弹性负载　　摩擦负载
5. [答案] 能量守恒
6. [答案] 惯性
7. [答案] 高
8. [答案] 负载
9. [答案] 带不动
10. [答案] 减速器
11. [答案] 惯性　　外力　　弹性　　摩擦
12. [答案] 等效

三、问答题

1. [答案]转动惯量增大，使机械负载增加，功率消耗大；系统相应速度变慢，灵敏度降低；系统固有频率下降，容易产生谐振。

2. [答案]减速器的减速比不可过大也不能太小：减速比太小，对于减小伺服电动机的等效转动惯量、有效提高电动机的负载能力不利；减速比过大，则减速器的齿隙、弹性变形、传动误差等势必影响系统的性能，精密减速器的制造成本也较高。

四、综合题

[答案] $J_{eq}^{m} = \dfrac{1}{4\pi^2} m_A \left(\dfrac{v_A}{n_m}\right)^2 + J_m + J_I + J_{II} \left(\dfrac{n_{II}}{n_m}\right)^2$

因为 $v_A = n_m \dfrac{1}{i} \cdot \dfrac{\pi m z_2}{1000} = n_m \dfrac{z_1}{z_2} \cdot \dfrac{\pi m z_2}{1000} = n_m \dfrac{\pi m z_1}{1000}$，$\dfrac{n_{II}}{n_m} = \dfrac{z_1}{z_2}$，

所以 $J_{eq}^{m} = \dfrac{1}{4\pi^2} \times 400 \times \left(\dfrac{n_m \pi \times 1 \times 20}{1000}\right)^2 + 4 \times 10^{-5} + 5 \times 10^{-4} + 7 \times 10^{-4} \times \left(\dfrac{20}{40}\right)^2 = 0.1264 (\text{kg} \cdot \text{m}^2)$

第 7 章

一、简答题

1. [答案]在物料卷绕过程中，由光电传感器检测物料边或线的位置，以拾取边或线的位置偏差信号；再将位置偏差信号传递给光电纠偏控制器进行逻辑运算，向机械执行机构发出控制信号，驱动机械执行机构修正物料运行时的蛇形偏差，以保证物料直线运动。

2. [答案]边缘位置控制型，线条位置控制型。

3. [答案]相较于双光电传感器，单光电传感器的纠偏控制可以节省一套光电传感器，相对成本低一些。但单光电传感器若未检测到物料，将指挥纠偏系统向一个方向移动，若检测到物料，将指挥纠偏系统向另外一个方向移动；而双光电传感器可以被分别放在物料的两边，若两个传感器都检测到物料的边缘或都未检测到物料的边缘，则不用纠偏，相对来说，可使纠偏系统的寿命延长。

4. [答案]"人机接口"，也被称为"人机界面"，是用户界面或使用者界面，即系统和用户之间进行信息交换的媒介，它可以实现信息的内部形式与人类可以接受的形式之间的转换。

5. [答案]0x12：下位机地址；0x03：功能码：读保持寄存器内容；0x00 0x01：起始寄存器地址；0x00 0x03：通道数量或数据的个数；CRCH CRCL： 校验码高 8 位和校验码低 8 位。

6. [答案]由主控窗口、设备窗口、用户窗口、实时数据库和运行策略五个部分组成。

7. [答案] 纠偏系统涉及范围广，在包装、印刷、标签、建筑材料、纸浆、生活用纸、塑料、成衣、线缆、金属加工、无纺布、瓦楞纸加工、皮带输送等行业或设备上都需要进行纠偏操作。

8. [答案] 自动纠偏系统总体上包括 3 个部分，即纠偏光电传感器及检测单元，纠偏控制器，以及纠偏机械执行机构。

二、填空题

1. [答案] 光电传感器　　控制器　　执行机构
2. [答案] 响应时间　　检测方式　　纠偏方式
3. [答案] 左
4. [答案] 低速同步电动机+滚珠丝杠　　步进电动机或伺服电动机+滚珠丝杠
5. [答案] OC
6. [答案] 相位角
7. [答案] 传感器信号　　(步进)电动机驱动器
8. [答案] 两个
9. [答案] 用户窗口　　实时数据库　　运行策略
10. [答案] 广播
11. [答案] 3.5 个字符
12. [答案] 1
13. [答案] 运行策略
14. [答案] RTU
15. [答案] 更多
16. [答案] 地址
17. [答案] 两
18. [答案] 低

三、选择题

1. [答案] A. 光电
2. [答案] B. 水平或横向
3. [答案] C. 绿色
4. [答案] D. 点对点
5. [答案] A. 0
6. [答案] D. 0x03
7. [答案] A. 按钮
8. [答案] B. 标签
9. [答案] D. 3.5
10. [答案] C. 0x03
11. [答案] D. 多 1
12. [答案] C. 0x03

第 8 章

一、简答题

1. [答案]单片机引脚高低电平的转换时间较短，若用 8051 单片机，则引脚高低电平可能仅有 1μs。这么短的时间内，步进电动机驱动器不一定能完全响应，机械系统也可能跟不上，因此，在送脉冲的时候，要根据步进电动机驱动器的参数及机械系统，加入必要的延时，以确保脉冲信号的可靠响应。高低电平的时间通常可以用定时器完成定时，简单的编程也可以用延时函数(子程序)来完成。

2. [答案] 两自由度数控滑台由 5 个子系统组成，即机械系统、电子信息处理系统、动力系统、传感检测系统和执行元件。

3. [答案]可被应用于测量、激光焊接、激光切割、涂胶、插件、射线扫描、打印雕刻等场合。

4. [答案]主要由步进电动机(或伺服电动机)、联轴器、滚珠丝杠螺母副、直线滚动导轨、轴承、工作台面等组成。

二、填空题

1. [答案] 脉冲　　方向
2. [答案] 0.005

三、选择题

1. [答案] B. 两
2. [答案] A. 9000

3. [答案] D. $+y$

4. [答案] B. $-y$

5. [答案] D. 12000

四、应用题

1. [答案] 如图 8-16 所示，利用 51 系列单片机，将 P1.0 和 P1.1 口分别接于步进电动机驱动器的"脉冲+"和"方向+"端口，将步进电动机驱动器的"脉冲-"和"方向-"端口接在一起，然后接于电源的负极。

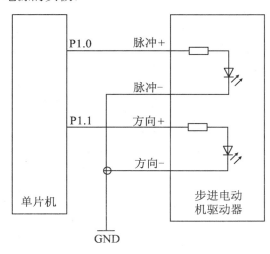

图 8-16

2. [答案]终点坐标 $x_e = -4$，$y_e = 2$，插补从直线起点 O 开始，故 $F_0 = 0$。终点判别是判断进给总步数 $\sum N = |-4| + 2 = 6$，将其存入终点判别计数器中，每运动一步减 1，若 $\sum = 0$，则停止插补。

向 x 终点方向走一步，按式(2-6)偏差计算公式 $F_{i+1} = F_i - |y_e|$，计算偏差值。

向 y 终点方向走一步，按式(2-6)偏差计算公式 $F_{i+1} = F_i + |x_e|$，计算偏差值。

根据表 2-2，在第二象限进行直线插补，可按照第一象限的直线插补来进行，在电动机输出时，只需将 X 电动机反向运转就可以了。

当 $F \geqslant 0$ 时，动点在线上或线的上方，向 $-x$ (X 向电动机反向)走一步；

当 $F < 0$ 时，动点在线的下方，向 $+y$ 走一步。

插补过程如表 8-1 所示，插补路径如图 8-17 所示。

表 8-1 第二象限直线插补过程说明

步　数	偏差判别	方　向	动点坐标	偏差计算 F	终点判别 N
			(0,0)	$F_0 = x_e y - x y_e = (-4) \cdot 0 - 0 \cdot 2 = 0$	$\sum = 6$
1	$F = 0$	$-x$	(-1,0)	$F_1 = F_0 - |y_e| = 0 - |2| = -2$	$\sum = 6 - 1 = 5$

续表

步 数	偏差判别	方 向	动点坐标	偏差计算 F	终点判别 N
2	$F<0$	$+y$	$(-1,1)$	$F_2 = F_1 + \|x_e\| = -2 + \|-4\| = 2$	$\sum = 5 - 1 = 4$
3	$F>0$	$-x$	$(-2,1)$	$F_3 = F_2 - \|y_e\| = 2 - \|2\| = 0$	$\sum = 4 - 1 = 3$
4	$F=0$	$-x$	$(-3,1)$	$F_4 = F_3 - \|y_e\| = 0 - \|2\| = -2$	$\sum = 3 - 1 = 2$
5	$F<0$	$+y$	$(-3,2)$	$F_5 = F_4 + \|x_e\| = -2 + \|-4\| = 2$	$\sum = 2 - 1 = 1$
6	$F>0$	$-x$	$(-4,2)$	$F_6 = F_5 - \|y_e\| = 2 - \|2\| = 0$	$\sum = 1 - 1 = 0$

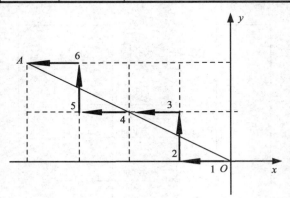

图 8-17　插补路径

参 考 文 献

[1] 张建民. 机电一体化系统设计[M]. 北京：高等教育出版社，2014.

[2] 冯浩，汪建新，赵书尚. 机电一体化系统设计[M]. 武汉：华中科技大学出版社，2009.

[3] 三浦宏文. 机电一体化实用手册[M]. 杨晓辉译. 北京：科学出版社，2007.

[4] 段正澄. 光机电一体化技术手册(上)[M]. 北京：机械工业出版社，2010.

[5] 林敏，丁金华，田涛. 计算机控制技术及工程应用[M]. 北京：国防工业出版社，2005.

[6] 林敏，丁金华，于忠得，等. 自动化控制系统工程设计[M]. 北京：高等教育出版社，2014.

[7] 赵韩，黄康，陈科. 机械系统设计[M]. 北京：高等教育出版社，2011.

[8] 李红萍，杨柳春. 工业组态技术及应用：MCGS[M]. 西安：西安科技大学出版社，2013.

[9] 刘火良，杨森. STM32 库开发实战指南[M]. 北京：机械工业出版社，2013.

[10] 廖常初. S7-200PLC 编程及应用[M]. 北京：机械工业出版社，2009.

[11] 樊尚春，张建民. 传感器与检测技术[M]. 北京：机械工业出版社，2014.

[12] 黄筱调，赵松年. 机电一体化技术基础及应用[M]. 北京：机械工业出版社，2011.

[13] 龚仲华. 工业机器人从入门到应用[M]. 北京：机械工业出版社，2016.

[14] 管小清. 工业机器人：产品包装典型应用精析[M]. 北京：机械工业出版社，2016.

[15] 何立民. 单片机高级教程：应用与设计[M]. 北京：北京航空航天大学出版社，2007.

[16] 林红，周鑫霞. 电子技术[M]. 北京：清华大学出版社，2008.

[17] 杨有君. 数控技术[M]. 北京：机械工业出版社，2011.

[18] 杨叔子. 数控加工[M]. 北京：机械工业出版社，2012.

[19] 黄长艺，严普强. 机械工程测试技术基础[M]. 2 版. 北京：机械工业出版社，2004.

[20] 熊诗波，黄长艺. 机械工程测试技术基础[M]. 3 版. 北京：机械工业出版社，2011.

[21] 王伯雄，王雪，陈非凡. 工程测试技术[M]. 2 版. 北京：清华大学出版社，2012.

[22] 丁明亮，丁金华，王德权，等. 虚实结合的 X-Y 数控实训平台设计[J]. 实验技术与管理，2015.

[23] 丁金华，李明颖，王德权，等. 虚实结合的机电设备控制仿真平台[J]. 实验技术与管理，2015.

[24] 丁金华，刘畅，李明颖，等. 三维虚拟现实机电设备控制仿真系统[J]. 实验技术与管理，2016.

[25] 丁金华，王学俊，李明颖，等. 产学结合的机械电子实验室建设创新实践[J]. 实验技术与管理，2011.

[26] 丁金华，孙秋花，李明颖，等. 基于嵌入式微处理器的两自由度数控滑台的研制[J]. 实验技术与管理，2008.

[27] 陈嘉栋. Unity3D 脚本编程[M]. 北京：电子工业出版社，2016.

[28] 何伟. Unity 虚拟现实开发圣典[M]. 北京：中国铁道出版社，2016.

[29] 马忠梅，王美刚，孙娟，等. 单片机的 C 语言应用程序设计[M]. 5 版. 北京：北京航空航天大学出版社，2013.

[30] 张勇. ARM Cortex-M3 嵌入式开发与实践[M]. 北京：清华大学出版社，2017.

[31] 李江全. 组态软件 MCGS 从入门到监控应用 35 例[M]. 北京：电子工业出版社，2015.

[32] 李江全，等. 单片机通信与控制应用编程实例[M]. 北京：中国电力出版社，2012.